JN124237

美味しく食べて竹林整備

純国産メンマ作りのすすめ

糸島コミュニティ事業研究会
日高 榮治

今、竹林の放置・荒廃が問題となっており、竹林の有効的な整備が必要です。竹を切っても切っても竹林整が進まないという悩みを解決したいです。この「純国産メンマ作りによる竹林整備」は、食べられないと誤解され、価値が無いだけでなく２～３ケ月もしたら竹になる厄介者の“取り損ないのタケノコ（幼竹）”に注目したのが始まりでした。親竹を残して幼竹を全伐する事で、不要な竹を完全に抑える事で竹林整備を確実に進め、又採った幼竹は現在輸入に頼るメンマの純国産化を進めると共に和洋食、家庭食、加工品等の開発を行うものです。この事業に、竹林整備で鋭意活動されている全国の地域団体等に賛同頂ける事となり全国に広がっています。

この冊子は、竹林整備を始め、地域おこし、加工品、地域名産品づくりを行なわれる多くの方へ、又メンマ作りを実際に関わられたり実践されるにあたり、失敗が無いように、より上手くできる様わたし自身の経験をお伝えしたいと思います。拙い文章で読みにくいと存じますがご推読下さいますようお願い申し上げます。

そして、全国的課題の竹林整備が進み、美竹林が少しでも広がりますよう祈ります。

令和２年４月

日高榮治

価値ゼロの取り損ねのタケノコ（幼竹）がタケノコ以上の価値を生む

タケノコが採れない荒山でも幼竹の採取は可能

１．５－２mの幼竹（１０ｋｇ）をノコで切り取る。探す＋掘るから切るへ、生産性大幅向上。

皮剥ぎ・４割りカット（後茹でる）

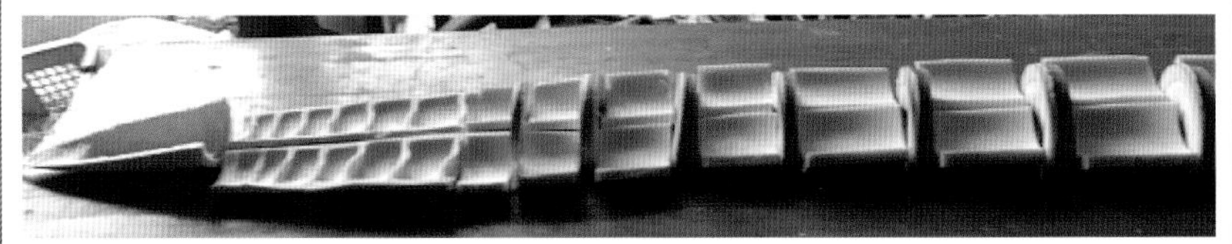

２ｍの幼竹を全量活用する為には、節のカット等工夫を要する。

茹では、網に入れた方が効率的である。

漬け込み（1）

漬け込み（2）

保管

茹で上がりから塩漬け

塩抜き

塩抜き（サイコロ）

純国産糸島めんま

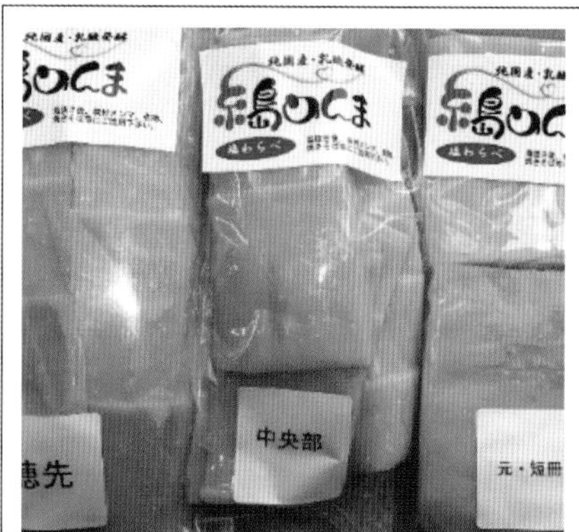 純国産糸島めんま　３００ｇ	 純国産糸島めんま　１ｋｇ
 醤油漬け 山椒味　１００ｇ ２００ｇ	 甘酢漬け 柚子味　１００ｇ
 純国産糸島めんま詰め合わせ	 竹スルメ　１５ｇ

２０１８年１２月７日
生物多様性アクション大賞「審査委員賞」受賞
東京ビッグサイト

２０１９年５月１２日 純国産メンマサミットin広島

純国産メンマの調理・加工品例：美味しい料理の可能性は大きい！

目　次

美味しく食べて竹林整備

純国産メンマ作りのすすめ

「石圧筍斜出」

タケノコは大きい石が成長を邪魔しても、石をよけ斜めに生え出る。

地上にでた幼竹は、真っ直ぐ1日（最大）１ｍも伸びて竹になる。

この事業も今は厳しいが、きっと未来は切り開けると考えます。

第１章　純国産メンマ作りによる竹林整備備

【1】はじめに

※幼竹とは

「タケノコ」の定義があきらかでない。孟宗竹の場合、掘ったものをタケノコと言い、２～４ｍ程の先部を「穂先タケノコ」と呼ぶ。「穂先タケノコ」は最近、福岡県の特産品として美味しいとして販売されている。一方、真竹、ハチク等は、地上４０～５０ｃｍのものを「タケノコ」と呼ぶ（タケノコは幼竹、若竹、新竹等とも呼ばれます）。

幼竹とは、タケノコ以上、竹未満のもので今迄価値が無く、食べられ無いと誤解されていたもので、１ｍ未満は穂先で使えるが、節間が狭く短冊等ができない事、量（重量）が少なく（重量約２ｋｇ）効率が悪く勿体ない。又２ｍ以上４ｍ等も上部５０ｃｍ程度は穂先として美味しく食べられるが、手間の割には効率が悪い（重量１ｋｇ）。私達は、取り損ないのタケノコで純国産メンマに使う１～２ｍ（２ｍは重量で１０ｋｇ）のものを“幼竹”と称することにしました（タケノコの事を幼竹と呼ぶ人もいる）。

1．竹林整備の新たな策

竹の付加価値向上こそが竹林整備に繋がるとの事から、竹の用途開拓を行ない「純国産メンマ作りによる竹林整備事業」が最も可能性があると考えた。竹林整備は、枯れ竹を整理した後は、もっぱら青竹を伐採するが、伐採した竹の価値が低く山に積んだりしています。かたや竹がどんどん生えてきて、成果がでず精神的にも疲れがでている状況があり、何とかならないのかとの思いが強くなった。

この事業は、竹になる直前の１．５～２ｍの”幼竹”の親竹を残し全伐する事で、不要な竹の発生を完全に抑える新しい策です。“幼竹”とは取り損なりのタケノコで、タケノコ以上竹未満（1～２ｍ程度）のものを言います。従来から“幼竹”は硬くて食べられないと信じられ、そのままにしておくと２～３ヶ月で竹になり、価値が無いばかりか、邪魔でしかない状態です。

一般に“幼竹”を見ると取り損なった地上１０－２０ｃｍのタケノコは「蹴り飛ばす！」４～１０ｍの枝の出ていない竹になる寸前の“幼竹”は「叩き折る！（竹に比べ枝もなく扱いやすく、朽ちるのが速い）」。何れも竹になるのを防いでるのみで益が全くない。

この“幼竹”は今迄“硬くて、エグくて食べられない“と思われており、食べたり加工する人は、山で竹林整備している人もメンマ等加工する人も含め何故か居なかった。

「硬い」と思われているのは、孟宗竹のタケノコの場合地上に出る前が柔らかく美味しいとされており、地上に出たものは硬い＝美味しくない、食べられないと思われている。ただ、孟宗竹の穂先は美味しいとされ、日本の代表的なタケノコである真竹やハチクは３０－４０ｃｍのものをタケノコとして美味しく食べられている（掘って食べたりはしない）。

何故？という疑問が沸く。

今回の幼竹が柔らかく美味しく食べられるのは、「根」の部分はそのまま残して、１．５～２ｍを、更に地上２０ｃｍの根付近を外して採取、更には節などを除いて、節下の硬軟選別等加工するする事で、美味しく食べられる。

「純国産メンマ作りによる竹林整備」は、竹になる着前の幼竹（メンマタケノコ）を親竹を残し他を全伐し、新しい食材として活用するものであり、出るを抑え（不要の竹を作らない）竹林整備が確実に進める策である（この事業を発表した時、県農林の方から何故こういう発想が出来たのかと聞かれ「素人だからですか？」と応えたが、「地域課題をビジネスに！」とのコミュニティビジネスの考えがあったからだとも思います）。

又、幼竹採取は荒れた竹山でもできるのが特長であり、「荒廃竹林を、メンマ作りをしながら整備してゆき、数年後には、タケノコ、幼竹を採れるタケノコ山、タケノコ畑にしていく」事ができると考えています。これは、今迄に無い考え方で、竹林整備、里山作りを頑張っておられる方々に是非検証をお願いしたいと思います。

更に、タケノコ農家は、探す！掘る！の作業があり、これらは専門的な能力が必要で、アルバイトにはさせられないとの事ですが、表の時期には採り切れないまま価値の無いタケノコになるのを悔しい思いで見るとのことである。幼竹なら、探さなくて良く、掘らないで良く計画的に採取でき、切るだけで簡単に採れ、高齢化や人で不足の解決に繋がる。今迄価値が無いと思っていた（誤解していた）幼竹をタケノコ以上の価値にする、これを実現するチャンスです。これを、単に竹林整備、純国産メンマ作りだけにとどまるのではなく、これらの社会課題をより大きい視点で捉え、みんなと共有しながら長期的に持続する活動に繋げて欲しい。

先ずは、山に価値をつける！
無価値というより迷惑な幼竹が
このまま（皮付き）で　＜￥６００／１本＞
⇒　味付けで　＜￥２０，０００／１本＞へ

＜荒廃竹林でも生産可能＞

荒廃竹林でタケノコを採ろうと思えば、まず最初に相当な整備が必要ですが、幼竹（メンマ筍）は最初は量的に少ないかもしれないが採取はできる。従って、先ず幼竹（メンマタケノコ）を採り、秋から整備を進め翌年の春に幼竹採取する。こうして、何年かすると、タケノコと幼竹が採れるようになる。一般的な竹林整備は秋冬の枯れ竹処理や青竹伐採をするが、今後春の幼竹採取で親竹だけ残して出る竹を完全に抑え（竹になるのを完全に防ぎ）、今迄に無い効果的な竹林整備が可能となる。

この取り損ないの幼竹は、価値が無いだけでなく、竹になっては困る迷惑な存在であるがこれが大きな価値を持てば一石二鳥のものとなる。この循環を進める事により、竹林整備が大きく進み、より良い幼竹がより多く採取可能となり、美竹林への道が広がる。

荒山でも幼竹は生える！

2．竹山一環管理

現在の竹林整備と言えば、前述の通り、枯れ竹を除いたのち青竹を伐採するのが一般的であるが、青竹の価値があまりにも低く、伐採はするもの有効な活用ができず其の儘山に積み上げるケースがあり、問題となっている。

現在の竹林整備は主に地域団体が無償（ボランティア等）、あるいは国県市町村等の補助金等で行っているものの、苦労の割に成果は少ない。

これが竹林整備が進まない一因である。

今迄、タケノコ収穫（タケノコ山、タケノコ畑）と竹林整備（荒廃竹林）は別々の世界と思えるものであったが、今回の「幼竹採取による竹林整備」は、放置され荒廃している竹林に＜タケノコ採取—幼竹採取（親竹を残して幼竹全伐し純国産メンマを作成）－竹林整備＞が繋がり一体管理ができる事となり、竹林整備に対する考え方が整理でき、「出来ないことはない」との気になる。

もう一面の考えは「出てくる竹」と「立っている竹」と分けて考え、各々に対応する事で山全体を一環管理するものです。

・・・・・タケノコ採るのも竹林整備！・・・・

タケノコ収穫は荒廃・放置竹林では難しく、先ずは、幼竹採取（メンマ作り）をしながら竹林整備（枯れ竹整理と青竹伐採）を進める。出るを抑えながら、竹林整備（青竹伐採）を進める事で幼竹の収穫量も少しずつ増えていく。

・・竹林整備をするほど（＝青竹を切るだけ）翌春の幼竹が多く出る。

更に４年、５年進めると共に竹林整備が進み、幼竹採取のみでなくタケノコも採取可能となる。タケノコ生産に比べ「探す」「掘る」などの専門技術が要らず、労力的に極めて有力である。

竹林整備が進めば１・２・３・４・５年竹が単位面積当たり各１本あり、新たな幼竹の親竹を１本生やし、６年目の古竹を１本伐採していく。例えば、1反（１０ａ）当たり３００本を目標とすると、

１～５年竹が各６０本となり、毎年６０本の親竹を生し、６年目の竹を６０本伐採する事となります。ただ、実際は幼竹（親竹を残し）全伐で出るを抑えながら、竹林整備（青竹伐採）してゆくが１反（１０ａ）当たり荒廃竹林の竹２０００～１８００本を、５年間で約２００~３００本／10aのタケノコ山に整備する為には、約３００本／年を切り続けなければならず相当の努力が必要である。ただ、出るを抑えておきさえすれば、立っている竹は５年で無理でも６年、７年で必ず出来る筈であり、可能ならばどこかの時期に集中的に青竹伐採を行う事もある。

純国産メンマループを確実に回していくためには、「メンマ事業の進展」と「青竹需要拡大事業（竹チップ、竹パウダー事業と竹炭、工業材料事業)」、両輪の進展が必要である。

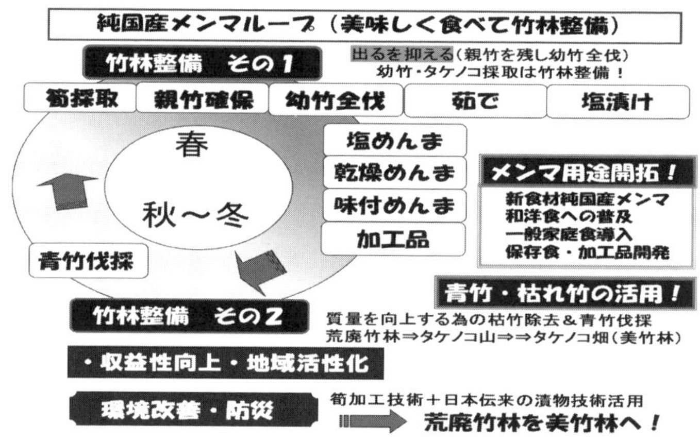

３．美竹林へ

この「純国産メンマ作りによる竹林整備」は、幼竹採取してメンマを作りながら、荒廃竹林を積極的に整備し美竹林にしていく新たな策です。又、より多く竹伐採（竹林整備）をする事で、メンマ幼竹の量と質の向上につながり、竹林整備を進める原動力となる。

現在の価値の低い青竹伐採のみに比べ、メンマ事業は、その力強さに雲泥の差があり、竹林整備が大きく進む。最近、薬剤での竹枯らし等も行われているが、枯れ竹が一挙にでて処理が難しい事の他、薬害の問題もあり是非避けて頂き、メンマつくりなどによる持続可能な方法を選んで頂きたい。放置・荒廃竹林に人が入り、メンマ幼竹を採りながら竹林整備を進め、純国産メンマループを回すことで、数年後にはタケノコとメンマ幼竹が採れるタケノコ山へ、更に整備されたタケノコ畑（美竹林）と改善される。美竹林での各種イベント（茶会、竹灯篭、音楽会等々）等も現在幾つかは行われているが、全国各地で特色のあるイベントが企画実行されることを期待する。

放置竹林

荒廃竹林の幼竹

京都の美竹林（石田ファーム）

4．純国産メンマの開発の経緯と可能性

全国的課題となっている竹林整備を解決する方法を種々検討の結果、価値のない取り損ないのタケノコ（幼竹）を食材として活用する方法が最も有効だと判断した。

採り損ないの１～２ｍのタケノコ（幼竹）を、親竹を残して全伐する事で竹になるのを完全に抑えることが出来、採取した幼竹で、メンマの国産化と合わせタケノコのまだまだ未開発の用途再開拓を行ないます。メンマの日本での需要は約３万トンと考えられ、殆どが中国からの輸入です。輸入メンマは我が国では殆ど無い麻竹を原料としているが、我々は竹林整備の一環で日本の孟宗竹、真竹、ハチクを使ってメンマ作りを検討した。一方、タケノコの国内需要は約２５万トン（内９０％約２２万トンが中国からの輸入。国産は３万トン）、純国産メンマは品質的にメンマ分野を含め輸入タケノコ分野も視野に普及を図れると考えます。今回開発の純国産メンマ（高濃度塩漬け・塩蔵品）はメンマ、タケノコ分野両方を狙える品質である。

現在の輸入メンマは、私たちから見ると「独特の臭いが強い！」「硬い」等問題点を、国産化に際し一挙に解決したいとの事から、基本的には（無塩）発酵と、乾燥を止めてみました。一般に「メンマは乳酸発酵食品なので身体によさそう！」とよく聞きますが我々が乳酸菌数を実際に測った結果我々が有する中国メンマサンプルには乳酸菌は確認できませんでした。私たちの結果では無塩乳酸発酵は乳酸菌数も高く、又乾燥により乳酸菌は減らないとの結果も持っています。これから考えると、元々発酵していないのではとの疑問がでます（ネット検索しても、メンマの乳酸菌数のデーターはありません）。

又、ここで乳酸菌がいたとしても、その後の激しい戻し、臭い取りの工程で死滅、流失する事は想像できます。乳酸菌をそのまま食べるなら日本の漬物の様に工程の最後に発酵させるべきで、中国メンマの発酵は、茹でタケノコ（麻竹幼竹）を乳酸発酵で更に柔らかくして、乳酸発生によりＰＨを下げ、次の乾燥後の安定性を増す為と推測します。また、発酵は操作が難しく、４週間完全発酵が目標とも言われますが、中国品も２週間発酵が多いようにも思われます。又茹でてから発酵までに時間が掛かっている様で、乳酸菌のみでなく多くの雑菌の発生も考えられ、これが臭いの原因の一つと思われます。

又、乾燥はメンマが硬くなる要因の一つです。この様な乾燥メンマは現在中国や日本において専門工場で塩抜き、くさい臭い除去を行っています。又乾燥メンマを工場で一旦戻して、わざわざ塩を加えて「塩メンマ」として日本に輸入されていることからも、「乾燥品」

の戻しより「塩漬け」の塩抜きの方がやり易いのだと考えられます。

メンマを家庭料理に使われることは今は全く無いが、純国産メンマは家庭でお母さんが家族の為に美味しいメンマ料理を作る事を目標とします。

純国産メンマは、メンマ、タケノコの範疇を越え新たな食文化を醸成するキッカケとなる。

純国産メンマは、日本の孟宗竹、真竹、ハチクの幼竹（１～２ｍ）を活用し、日本の技術（塩漬け等）を使って作るメンマであり、ラーメンの具の他、新たに和洋食、家庭食並びに加工品に活用したいとおもいます。その為にも、今後栄養学、料理人、加工品等の食の専門家の皆様の知恵を集め、又全国の人々に納得頂ける商品として育成せねばなりません。

＊メンマの名称は、メンマの第一人者丸松物産（株）が名付け親と知られているが、幼竹を活用する事、輸入に頼るメンマを国産化したいことから“メンマ”名を使わせて頂きました。丸松物産（株）からも心良く了解頂きました。

又“純国産”としたのは、輸入品を国内で味付して“国産”と銘打ち販売している例もあり、「国産の幼竹を使い」「国産の技術で加工する」事から、敢えて“純国産”としています。

純国産メンマ作りは、輸入に頼る純国産メンマを作り、合わせて竹林整備を進めるものですが、現状のタケノコ生産に比し、探がして掘る作業が不要の事から生産性が大きく改善するメリットがある。

タケノコの大きな問題は、、タケノコが青果であり、４月ともなると市場価格が急激に下がってくる問題がある。

今回のメンマ作り（保存食作り、塩蔵品作り）が浸透すると、価格の急激なダウンを防ぐ事が可能となり、タケノコ作りに新たな希望が湧く。

【2】 純国産メンマの加工（標準処方）

1．幼竹採取

（1）高さ1．5～2mの幼竹を地上約20cmを残し切り易いところで採取する。

①1m程度でも可能であるが、大きくして採取するが効率的である。

②カマ、ナタでも採れるが、綺麗に、確実に採取するには「ノコ（鋸)」活用を奨める。（一人で採る場合は、左手で抑え、右手でノコを使い採ると約1秒で失敗が無く、切り口も綺麗に採れる。バタッと倒すと品質が下がるので手で支えて大事に扱う)。

③元部の方1．5－2mは部分的に硬い部分があり、用途を考えて対応する。

①節のすぐ下の部分等は硬い所があり（節と共に除去)。

②その他硬い部分は、サイコロ（ダイス)、細切れ等にして、チマキ、小籠包、お焼き、カレーパン（糸島市で販売中）等食感が好評である。

④2mの幼竹を（全部）美味しく食べる為には、適正な処理が必要である。

難しい所はあるが「硬い！筋がある！」等言われるのは恥でもある・・・元々硬くて食べられないと言われているも

のを、柔らかく美味しいと言って、進めている事業です。最初は１ｍで開始し、一昨年は１．５ｍに、そして昨年は２ｍに伸ばしてきたがこれはもっと歯応えを強くしたいとの事から伸ばしてきたもので、２ｍ全てを何とか使いこなしたい。メンマ加工の人達の都合から言えば、通常の味付けメンマの場合硬さで絶対失敗が無いように安全率を大きくすると、1～１．２ｍ迄の使用になってしまう。幼竹生産者の収入を考え、出来るだけ元部を使う様（お焼き、餃子等）に努力すべきである。２ｍの幼竹１０ｋｇとすると￥６０／ｋｇで1本￥６００、１ｍの場合重量２ｋｇとすると1本￥１２０となり、収入が２０％と大きく低下する。　それは、重量で８０％を廃棄する事となる。一般には買う方の都合だけで安価に設定されてしまい幼竹採取の人の意欲が低下する事が考えられる。今後この事業が健全に発展するには、買う人売る人双方の歩み寄りが不可欠である。（青竹も売買価格が安価であり、改善の余地がある）。この為には売る側が付加価値を付け販売する等努力が必要である。

（２）探して掘って採るタケノコは、一般に極小、小等様々で、凡そ１ｋｇ／本以下であるが、幼竹は約１０ｋｇ／本（平成３０年は２ｍで平均約１２ｋｇ）あり、効率的である。

運搬等扱いは商品の品質維持の為に大事に、丁寧に運ぶ。（幼竹採取する人に、どの様な商品となるのか等情報交換等する事が幼商品を作る為には必要である）。真竹、ハチクの幼竹もメンマつくりは当然可能であるが、４０－５０ｃｍのものをタケノコとして活用されており、タケノコ用と競合する。やはり、孟宗竹の方が、メンマとして活用の意義が大きい。

（３）「穂先タケノコ」は柔らかく美味しいとされているが　３～４ｍの穂先３０～４０ｃｍを採るのは、手間がかかる上に傷つけずに　採るのが難しく、又収穫量も少なく非効率である。又、大きくなった幼竹（新竹）の穂先は枝が出てくるので、見栄えも悪くなる。綺麗に処理するには手間がかかる。

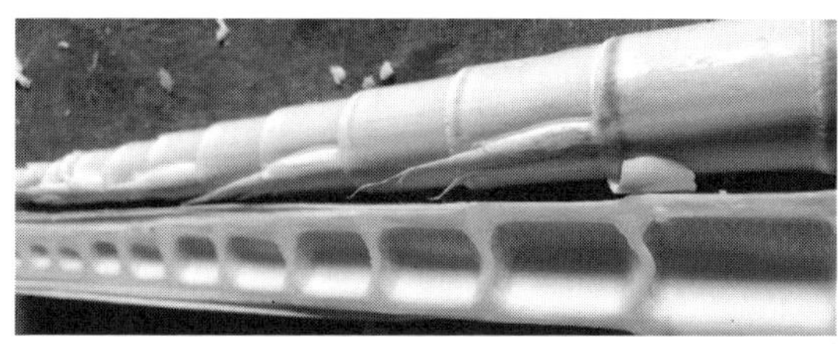

福岡県では最近「穂先メンマ」の出荷が行われているが、昨年は裏年にもかかわらず、市場から出荷ストップとなったとも聞き、本来の評価がされていない様にも思われる。現場では、２ｍ位の幼竹の上部４０～５０ｃｍを穂先タケノコ（３０円／ｋｇ等）として活用されている事も聞くが、下部１．５ｍを廃棄せず活用すべきである。１～２ｍの幼竹（重量は約１０ｋｇ）を出来るだけ全量活用する事を目標としたい（穂先１ｍでは約２ｋｇ、２ｍの幼竹では約１０ｋｇ、価格では１２０円と６００円であり、生産者にとって雲泥の差となる）。

幼竹を子どもの目では「巨大タケノコ」。

見方を変えれば、違ったものになる？

＜幼竹の構造と用途＞

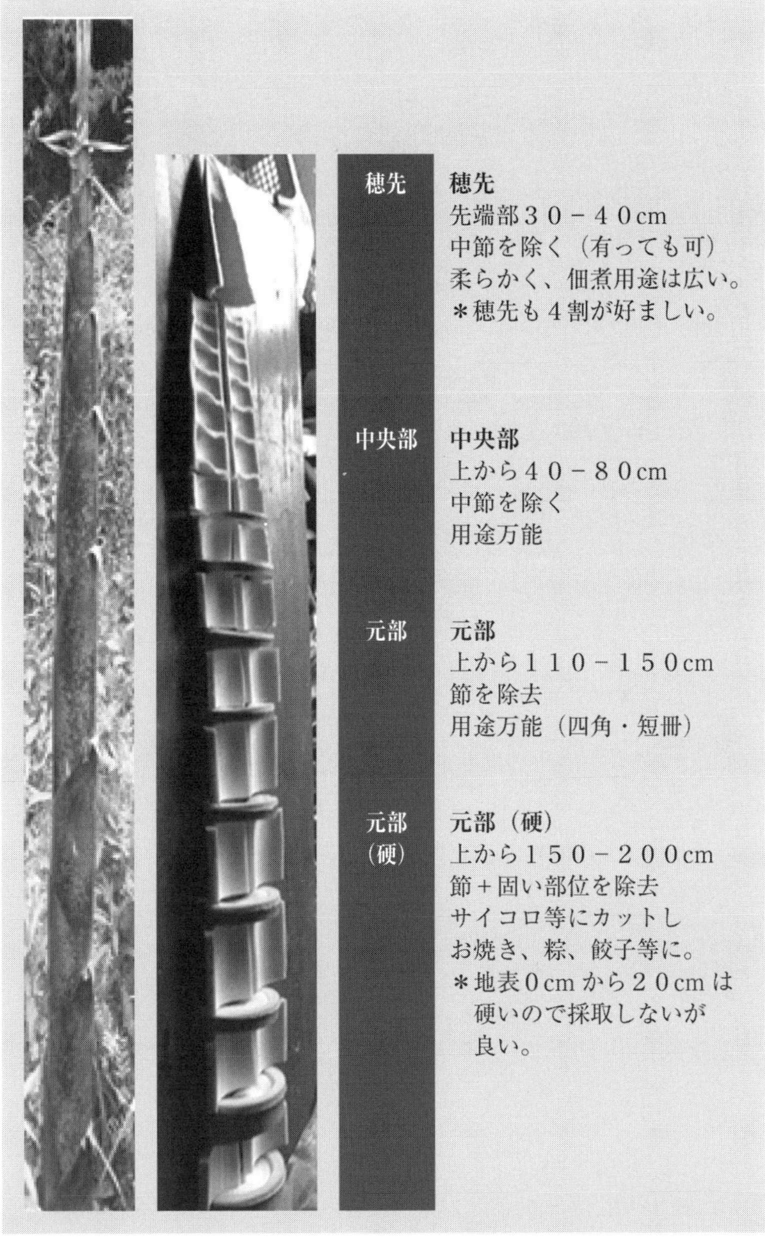
穂先
穂先
先端部３０－４０cm
中節を除く（有っても可）
柔らかく、佃煮用途は広い。
＊穂先も４割が好ましい。
中央部
中央部
上から４０－８０cm
中節を除く
用途万能
元部
元部
上から１１０－１５０cm
節を除去
用途万能（四角・短冊）
元部（硬）
元部（硬）
上から１５０－２００cm
節＋固い部位を除去
サイコロ等にカットし
お焼き、粽、餃子等に。
＊地表０cm から２０cm は
硬いので採取しないが
良い。

◆幼竹買い取り要領（例）

幼竹（めんま用タケノコ）納入の件御願い　（期間 H31/4-6）

お世話になります。今春も、「糸島めんま(メンマの純国産化)」作りにご協力願います。
竹林整備に頑張っておられる方々と共に「糸島めんま」を展開していきたいと考えます。当面、一般からは集めず、糸島CB研究会関連、考え方に賛同の方々(顔のはっきりした)とお付き合いさせて頂きます。この事業は、全国22府県にて進められています。
是非、事情ご賢察の上、是非とも宜しくお願い申し上げます。アプレ有限会社　代表取締役　日高栄治

＜新規に、弊社と同様にメンマ事業を希望される方を募集中です＞

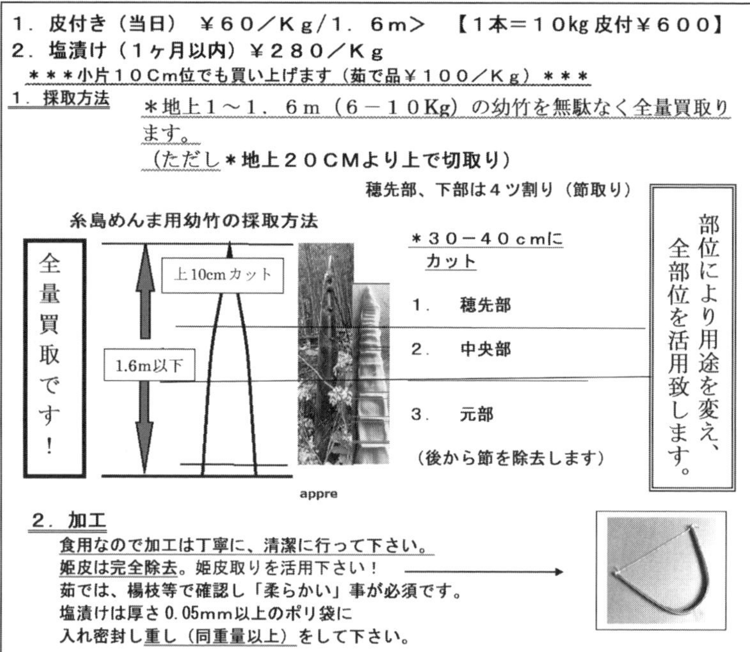

１．皮付き（当日）　￥６０／Ｋｇ/１．６ｍ＞　【１本＝１０kg 皮付￥６００】
２．塩漬け（１ヶ月以内）￥２８０／Ｋｇ
＊＊＊小片１０Cm位でも買い上げます（茹で品￥１００／Ｋｇ）＊＊＊

１．採取方法　＊地上１～１．６ｍ（６－１０Kg）の幼竹を無駄なく全量買取ります。
（ただし＊地上２０ＣＭより上で切取り）
穂先部、下部は４ツ割り（節取り）

２．加工
食用なので加工は丁寧に、清潔に行って下さい。
姫皮は完全除去。姫皮取りを活用下さい！
茹では、楊枝等で確認し「柔らかい」事が必須です。
塩漬けは厚さ 0.05mm以上のポリ袋に
入れ密封し重し（同重量以上）をして下さい。

アプレ有限会社　竹わらべ（糸島コミュニティ事業研究会企画品製造販売）
〒819-1334　福岡県糸島市志摩岐志 1501-29
TEL&FAX　：092-328-1677　（携帯：090-1178-1237）
Email : ek-hitaka@vesta.ocn.ne.jp　　FaceBook：日高栄治、糸島めんま等

☆今年は、志摩貝塚日々菜々で買い上げを行う事となります。詳細は相談の上。

２．皮剥き・カット・姫皮取り

カットと皮剥きは前後する時がある。皮剥き、姫皮取りも重要です。

処理に当たっては、上部（身のない所）１０～１５ｃｍを除去。下部も綺麗に整理除去する。

「ピーラー」を使うのが好ましいというより必須です。市売のピーラーでも良いですが、竹は身近にあり、竹ヒゴを作り　ハリス（釣り糸）等を下図の様につけます。身近にある竹を使い、沢山作りましょう。１人１個有ったが便利。軽く操作するのがコツで、タケノコ本体を傷つけないことが必要です。

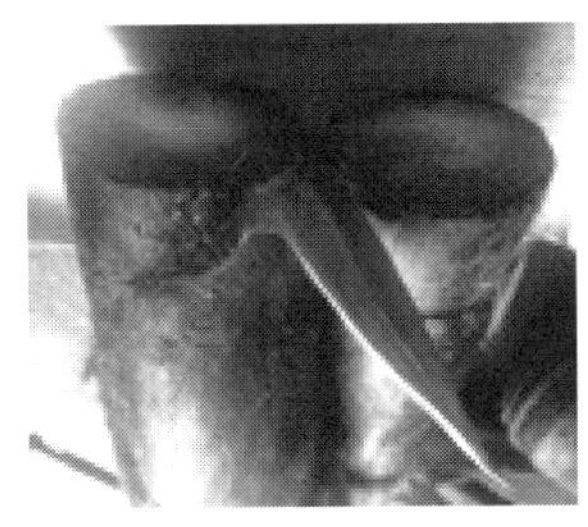
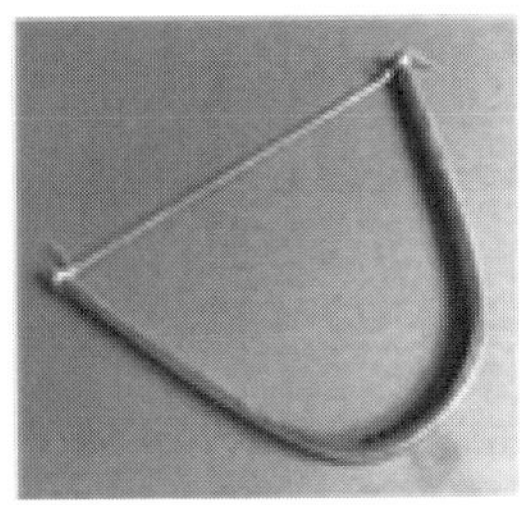

１．５～２ｍの幼竹を捌く場合は、上下を 通して包丁を入れ、先ず皮を剥ぐ。元部は皮が一枚であり、上部（穂先）は何枚もの皮に包まれている。

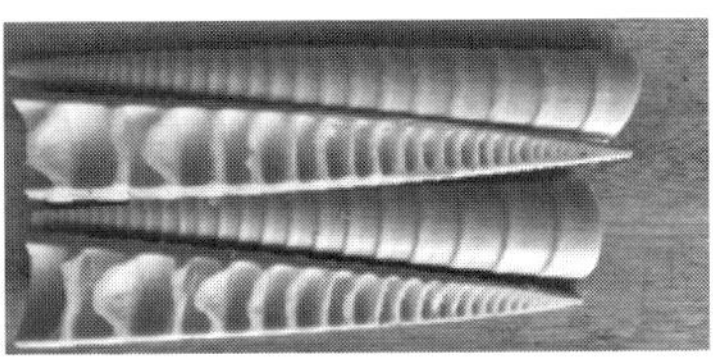

自分はタケノコ名人だ！皮だけカットできると豪語する人がいますが、そういう人に限って包丁傷をつけてしまいます。ここまでひどくなくても、沢山の傷がつきます。是非前述の一回で深く差し入れ、傷が幾つもつかないようにすべきです。良い商品とする為注意が必要です。皮剥ぎ後、先ず、穂先、中央部夫々３０－４０ｃｍにカットし、４割する。中節は、包丁を入れ除去する。（穂先は中節も食べれるので残しても良いが、除いた方が綺麗である）

上部は、皮を綺麗に剥ぎ、姫皮も完全に除去する　（姫皮も美味しいので別途集めて食する事ができる)。皮を剥いでの取り引きもされるケースがあるが、コンテナに入れるなど傷みが無いようにすることが必要である。良い製品とする為、出来るだけ皮を付けて行い、最後に皮を剥ぐように配慮する。

カットは、茹で、塩漬け等、後の作業、用途に対応した形にカットする。一般には、穂先、中央部は３０～４０ｃｍカットを奨める。又元部は先ず節を除く。製品の長さが決まっている場合は、事前にカットすることもある。横は４割を基本とするが、大きい場合は８割とする。現在タケノコは半割で加工されることが多いが、幼竹(メンマ筍)の場合は、塩漬け、加工で折れ等を防止する為、後の加工がやり易いように、４分割(大きいものは８分割)する。又内節もナイフで簡単に除去できる。塩漬け時にも、空間が少なく密に詰められ、良質な品質維持が可能である。

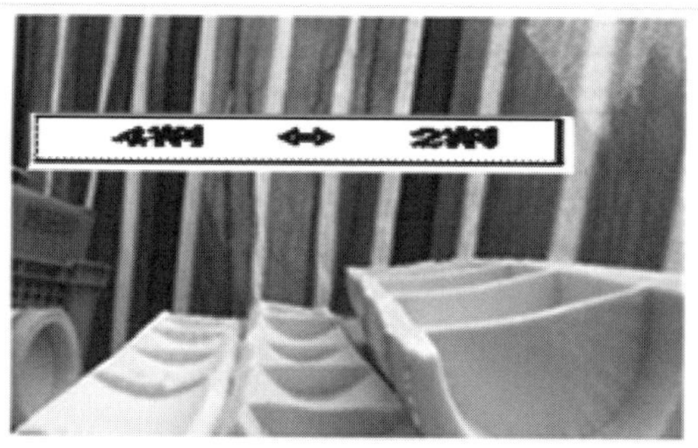

採取した後、問題なければそのまま担いで下まで運ぶが、カットする場合は２、３個に分割してもよい。カットする場合は、皮の内側の節を確認しながら、節の下部でカットしたが好ましい。皮を剥きながら節位置を確認しながら行うと無駄が無い。皮は傷みを防ぐために出来るだけ最後に取る様心がける。

【幼竹活用部位比率】

①全体

全体的には皮部３５．３%、節部・硬部１９．６%、活用（可食）部４５．１%である。

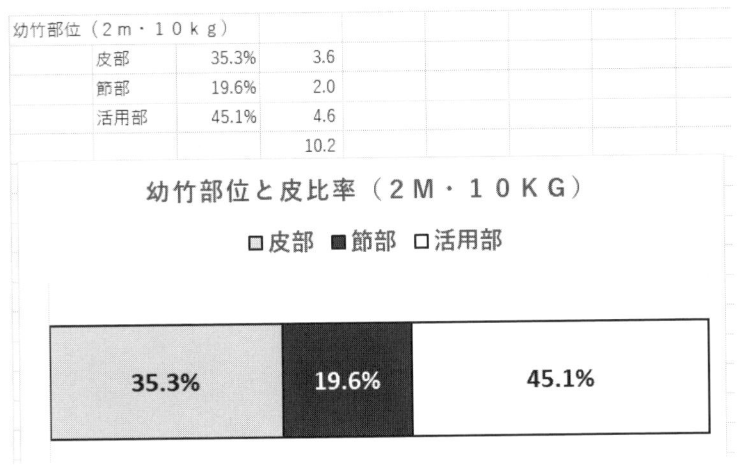

幼竹部位（２ｍ・１０ｋｇ）
皮部 35.3% 3.6
節部 19.6% 2.0
活用部 45.1% 4.6
10.2
幼竹部位と皮比率（２Ｍ・１０ＫＧ）
皮部
節部
活用部
35.3%
19.6%
45.1%

②全体・中央部・元部の皮の比率

皮の比率は、穂先・中央部は６６%、元部は１６．７%で全体的には３３．３%である。

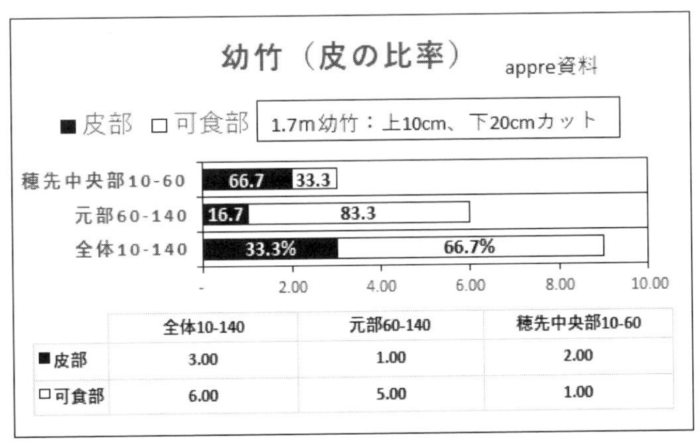

	全体10-140	元部60-140	穂先中央部10-60
■皮部	3.00	1.00	2.00
□可食部	6.00	5.00	1.00

皮の比率、可食部の比率は、サンプルの取り方、多少の差が出る。又、１本１本で差も見られるので、「おおよそ」の値にしてあつかって下さい。ただ、歩留りや生産規模算出の目安として活用ください。

３．茹で

茹では、幼竹（メンマタケノコ）を柔らかくする目的で行う重要な工程です。併せて、完全殺菌をする工程です。採取後、速やか（当日）に茹でる。タケノコの場合は、穂先から根本迄一体であり、同じ条件での茹は難しいですが、純国産メンマ作りに於いては、穂先、中央部、元部と部位により、茹で条件を目的に合わせることが出来る。茹で時間は、穂先は３０分、その他は６０分を基本とする。これも用途や目的で最適の条件を選択すべきです。

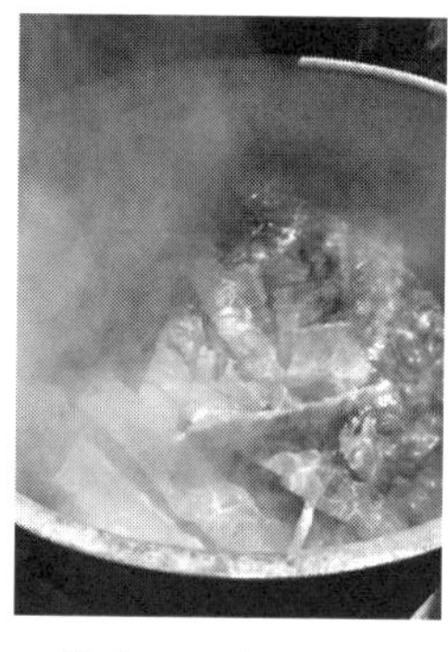
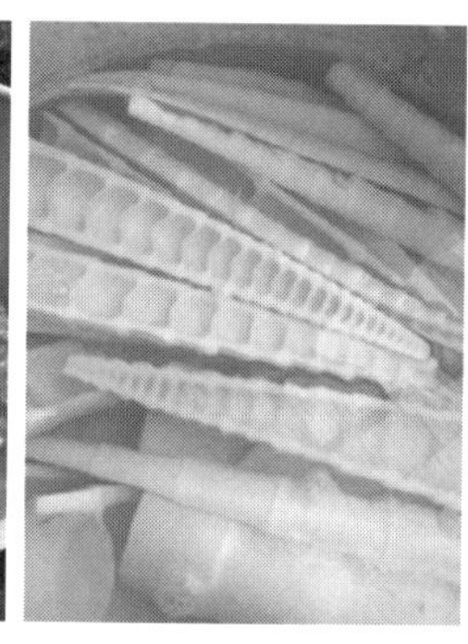

タケノコの場合、一般に米糠を使いアク抜きをするケースが多いが、採取後速やかな加工を行っており、水だけでやっています。米糠ではアクは抜けないとの説あり、又米糠が残り洗いが必要となり、又重曹（１ｇ／L)の方がアクは抜けますが、黄色への変色、抜けすぎ、後のPH処理等が煩わしく、水のみで行っています。アクの発生を抑える為にも、採取後速やかな処理が必要です。昔より、地元の農家は、新しい筍は米糠は使わず茹でるというのが通説です。アクは採取して時間が経つにつれ急激に増えると言われ、早めの茹で（数時間内）が必要です。効率よく茹で作業を行うためには、綿糸網、麻袋等に入れ作業を行う。茹でて行くとアクやゴミ等が出てくるので、網で掬って除去する。又くり返し茹でるとアクで液が汚れるの

で３回を限度として新しい水を入れ替える。また、１回でも翌日使用は避ける。茹で上がり後は、網などで取り出し放冷する。雑菌がつかない様配慮が必要であり、あまりいじらず打ち上げたまま放冷したが好ましい。

従来より、タケノコの茹では、水から入れて昇温茹でた後そのまま冷却するのが、美味しいと言われているが、作業性及び温度管理等々の理由で、１００℃になって幼竹投入し、３０分、１時間で、速やかに引き上げを行なっています。

皮付きで茹でる方が美味しいとの説もあるが、茹でた後に皮剥ぎ、カット等で雑菌発生の可能性もあり注意を要する。

４．高濃度塩漬け（塩蔵）

茹でた後、速やかに塩漬けする。【速やか＝熱いうち、４０℃で行う事が好ましい】時間が経過するほど、製品の品質が劣化する。商品の変質、変色のみならず、雑菌の発生が致命的な結果となる。茹でた後は速やかに塩漬け密封するのが必要です（密封無しでは雑菌発生で腐敗に繋がる）。

冷えてくると共に、雑菌が発生して来るので、冷えたら直ぐ、場合によっては熱いうちの塩漬けが必要である。１００℃から放冷され、３０℃台になると急に乳酸菌、雑菌が発生増加すると言われているので、「４０℃での塩漬け」は雑菌防止の為にも効果的である。（令和元年度は４０℃塩漬けで実施し、水揚げが１日で起こり、品質が大幅に向上した）＜茹で後の、放置は厳禁である…雑菌発生、水揚げ遅延＞

現在、タケノコの塩漬けをされている方は「冷やしてから塩漬け！」で問題なく利用されているが、量が増えた場合等「冷やしてから・・」が１時間の場合、1晩の場合、２晩の場合などとなる場合があり、この場合４０℃塩漬けの方が条件が揃い品質が良くなる。量が少ない場合は混合漬けもあるが、ある程度の量となると、穂先、中央部、元部夫々を別に仕込む方が後の管理がし易い。

茹で上がり後、重さを測り、必要量の塩を準備する。（例えば、

３０％の場合は茹で上り幼竹３０ｋｇに９ｋｇの塩。この場合、塩分濃度は約２６％）⁂茹であがりの幼竹の水分は約９２％と思いのほか高いので注意。

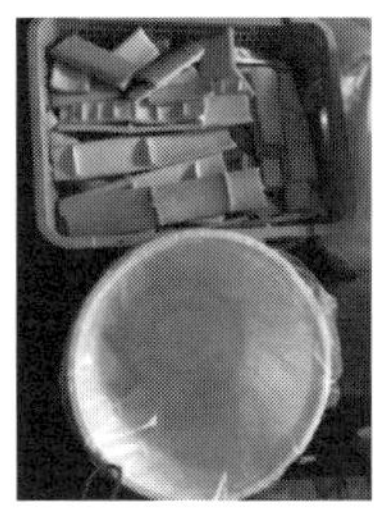
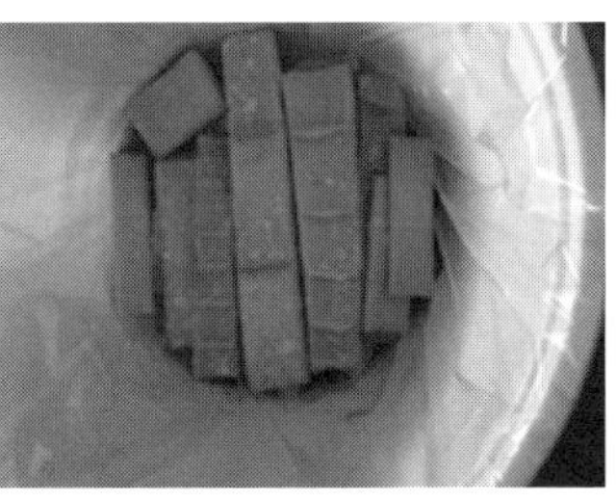

バケツにポリ袋（０．５mm以上）を敷き、その中に先ず少しの塩を敷き、その上に茹で幼竹を並べ、塩を敷く。これを繰り返していく。時々手でまわり等を抑え均一になるように漬けていく。一杯になったら、残りの塩を全部加え密封する。

上蓋をし、重しを乗せます。重しは、材料の同重量以上です（漬物の場合は数倍の事もあります）。重めの方が水揚げし易い。

バケツの蓋をして保存する（ゴミ、雑菌など防止の為、バケツをポリ袋で包んでカバーすることも有る）。発酵すると袋が膨れる事があるので、完全密封を避け、外部からのゴミ、水等が入らない様にします。又、縛り口は端の方にして、蓋の横に作り、水が入らない様にする。

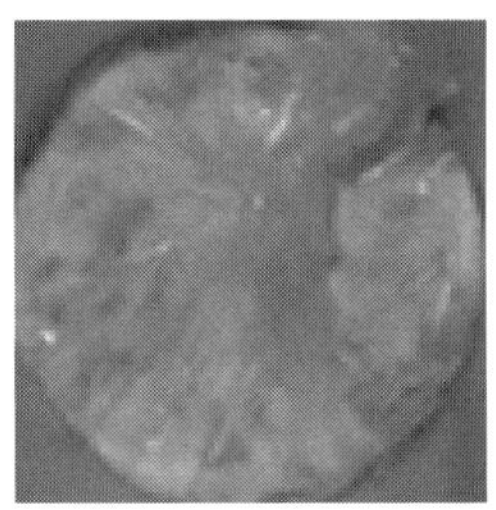

塩漬けには「ふり塩（乾塩）法」と「たけ塩（湿塩漬）法」があるが、高濃度塩漬けには、茹でタケノコの水分が高く（水分９２％）「たて塩法」ではできないので「ふり塩法」となる。ポリ袋の口は、横に出しておくと、空気が抜ける、外の水が中に入らないので好ま

しい。

保管は取り扱いが楽な６０－７０Ｌのポリ容器を使っています。

５．塩抜き

安定な塩漬け（３０％）品で製品化・保管し、塩抜きして料理に供する。

使うのがハッキリしている場合は、塩抜きしておくことが便利である。販売前に塩抜きしての販売（但し賞味期限１～２日）も可能である。

ウエット品で塩抜きは乾物に比し楽であり、流水一晩で抜ける。流水量が多いほど抜けが速い。又、当然のことながら姿に比し、小さくカット（表面積をふやす）したが抜けやすい。急ぐ場合は、容器に入れ、できるだけ多くの熱湯に浸け、冷えたら再び熱湯に浸け冷ます、これを３回程繰り返し塩抜き状態を試して（少し噛んでみる）使用する。

塩の溶解度は、温度ではあまり変わらない（２０℃２６．４、１００℃２８．２）が、タケノコの膨潤がし易いことから、高温水での塩抜きは有効だと考えます。この方法も、水の量が多い方が速く抜ける。又移す場合の水は出来るだけ切るが効果的である。塩抜きに関しては、メンマを小さく、水は多めに行うのが効率的である。

抜けたかどうかは、塩分濃度測定器もあるが、少し噛んだりしで確認するが楽で速い。

お焼き、チマキ、カレーパン、小籠包（糸島豚籠包）等への使用にはサイコロにして使用するが塩抜きは同様に行う。サイコロ等カットした方が塩抜きは早い。

6．製品化

製品の基本は、作業性、安定性等から「（３０％）塩漬け」としています。

日本伝来の塩漬けの技術を活用し、それも、漬物レベルではなく高濃度塩蔵品として高い安定性を確保します。高濃度塩漬けは、漬物や野菜の塩蔵（前処理）として活用されており、全国津々浦々で誰でもができる信頼性が高い処方です。

基本処方

３０％塩漬け　　　糸島めんま塩漬け（穂先、中央部、元部、カット）
　　　　　　　　　糸島めんま塩干し（穂先、中央部、元部、カット）

塩抜き後無塩発酵

味付け：味付メンマ、醤油漬け、 甘酢漬け、 粕漬け、キムチ
　　　　竹スルメ

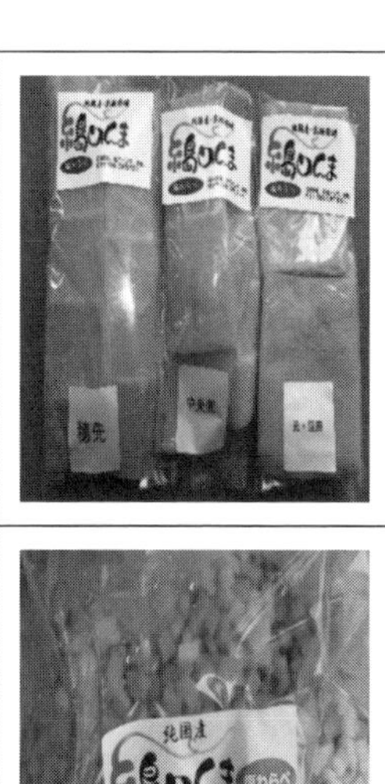

純国産
糸島めんま

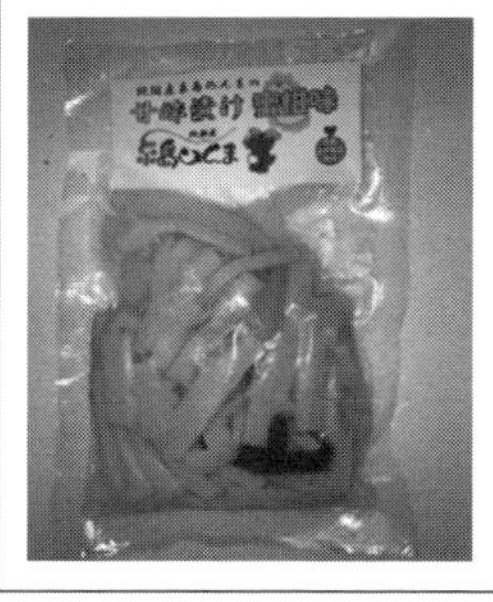

糸島めんま
甘酢漬け
醤油漬け
詰合

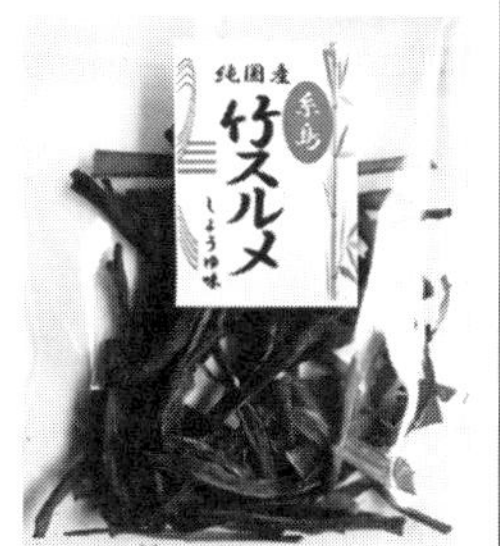
純国産
糸島
竹スルメ
しょうゆ味

（１）標準処方

純国産メンマ【標準作業手順書】

令和元年12月 appre hitaka

幼竹カット→皮剥ぎ→茹で→塩漬け⇒<u><塩漬けメンマ></u>　＊基本

⇒乾燥<u><塩干しメンマ></u>

⇒塩抜き→発酵<u><発酵メンマ></u>

工程	作業	備考
1. 幼竹採取	① １．５～2mの幼竹を目途にノコ（又は鎌）で切りとる。 ＊H３０年の平均重量はは１２Kg（皮剥ぎ後6Kg）。 ② ２－４mの新竹の上部６０ｃｍを穂先として活用できるが、穂先をとるには丁寧な作業を要し、収穫量が少なく不経済ではあるが用途はある。	＊探す手間が不用で、約１秒でカットでき、収量も高く、従来のタケノコ生産に比し、生産性が大幅に向上する。
2. カット 皮剥ぎ	① 標準的には縦に包丁を入れ、皮を剥ぐ。併せて、縦に４割とし、横は穂先（３０－４０cm）、中央部（３０－４０cm）、元部（上・下：節の長さ））に分ける。穂先（穂先は中節は残しても良い）、中央部は中節をとる。元部（上：１．０－１．５m））は節を除く。元部（下：１．５－２．０m部）は節を除いた後上部の硬い所は除く。節の下部は元部と同じく扱える。	＊ここで、茹で、塩漬けに適する様に３０－４０cmにカットし加工して、商品化時にカットする方法もあるが、最初にチャンとした方が後が楽である。 細かく分類して、部位ごとに漬け込む方が、商品化時の作業性が良い。
3. 茹で	① 穂先は１００℃X３０分、中央部・元部は６０分を目途とする。 ② 灰汁抜きは、水のみを奨めている。 ③ 網に入れて茹でるが作業性が向上する。	＊米糠は灰汁が取れないとの報告があり、重曹は灰汁は取れるが、取れすぎやPH問題などがあり、水だけを推奨。
4. 塩漬け	【重要】①茹でた後、水切りして早めに（４０℃位に冷えたら）塩漬けする。１日２日置くと、雑菌の発生で失敗する。 ① ６０L の漬物ポリに、０．０５mm以上の厚さの９０L のポリ袋を置き、茹でタケノコ３０Kgに塩9Kg（茹でタケノコに対し３０%）を、塩、タケノコ、塩と繰り返し（振り込み法）いれ、一杯になったら、空気を抜き密封し、重石（タケノコ重量と同量以上）を置き、蓋をする。更にポリ袋で包む。 ② 部位ごとに漬けると後の作業が容易となる。 ③ １～2日で水があがり、塩水に漬かると安定する。 ④ ３０%塩漬けで保存は1～１．５年を目途とする。	＊塩なし発酵は熱いうちに密封する等更に注意が必要です。＊２～3日で水があがらない場合は重石を増やすか、塩水を追加し、漬ける。＊水があがり、１ケ月後で商品（塩メンマ）とする。３０%の塩漬けは所謂「塩蔵品」であり安定性は良い。 ?この方法は「ふり塩（乾塩）」法である。他に「たて塩（湿塩漬）法があるが、タケノコの水分（９０%超）が多く不適である。
5. 商品化 塩メンマ 塩干しメンマ	① 塩漬け品を取り出し、軽く表面を洗い、計量、袋詰めして商品化する。（需要が向上すれば、塩抜きしての販売も可能である） ② 目的に応じて、カット、細切り、塩追加、塩抜き、発酵、乾燥、揉み等行う。 用途により硬さ形状等を確認し商品化する。 ③ 塩が付いたまま干す（塩干し）が塩抜きが簡単で、食感が良く美味しくお奨め。	＊国産品の長所は安心安は元より、お客様のご要望に応える商品を作れることであり、要望の商品を開発しましょう。＊許可については各法令等順守。 （カチカチにならず羽二重感）
	乳酸菌たっぷりのメンマ（生の乳酸菌）	
★ 発酵 発酵メンマ	【重要】＊乳酸品たっぷりの純国産メンマ ① 一晩塩抜きし後、煮沸１０分（殺菌）後、熱いうち（９５℃ぐらい）にポリ袋に入れ、密封し、約2週間乳酸発酵させる。（乳酸菌数８００，０００） ② そのまま（生乳酸菌たっぷり）、水洗い、アルコール、加熱処理等目的に応じて行う。今迄に無い商品となる。 （乳酸菌を生きたまま残すか、熱処理、冷蔵で安定化要） ＊発酵は、塩の残り方、発酵条件等注意が必要。 ＊発酵させるには、ぬか漬け、塩麹漬け等の方法もある。	＊中国品は発酵しているとの事ですが、最初に発酵させており、製品の乳酸菌はゼロであった。若しあったにしても、その後の高熱戻し、塩抜きなどで、乳酸菌は死滅・流失すると考えられる。今回は最後に発酵させる方法であり、理に適うものである。

純国産糸島めんまプロジェクト

品名 【純国産糸島メンマ　塩漬け】

種類：穂先・中央部・元部・カット・サイコロ等
容量：３００g・１kg・５kg・１０kg等

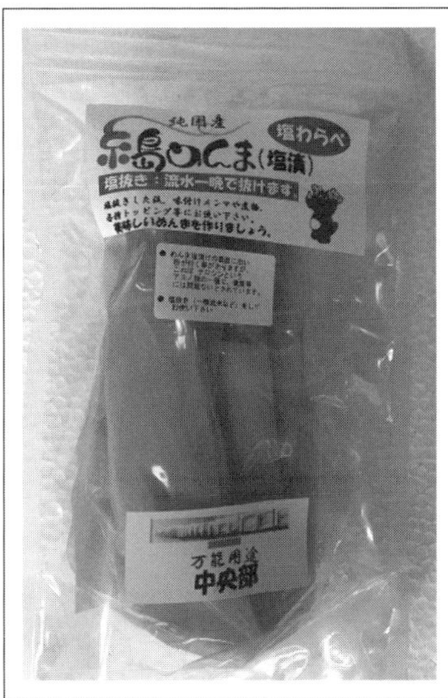

◆Recipe：
・茹でタケノコ　　１０００g
（水分約９２％）
・塩　　　　　　　３００g

◆保存
冷暗所　X　３ヶ月

備考： １.５～２mの国産孟宗竹の幼竹を、茹でた後高濃度塩漬け（塩蔵品）をして製品化したものです。料理等する場合は使う分を、塩抜きをして供して下さい。残った分は冷蔵等することで長期保存ができます。

品名 【純国産糸島メンマ　塩干し】

種類：穂先・中央部・元部・カット・サイコロ等
容量：２００g・５００g・１kg等

	◆Recipe： ・茹でタケノコ　１０００g ・塩　３００g ⇒乾燥 ◆保存 冷暗所　X　３ヶ月

備考：１.５～２mの国産孟宗竹の幼竹を、茹でた後高濃度塩漬け（塩蔵品）を乾燥したものです。一般の干しタケノコに比し、柔らかさが残り塩抜き、戻しも速く、絶妙の食感が楽しめます。料理等する場合は使う分を、塩抜きをして供して下さい。残った分は冷蔵等することで長期保存ができます。

固形分：４２％

純国産糸島めんまプロジェクト

品名 【純国産糸島メンマ 醤油漬け（山椒味)】

容量・価格：１００g（¥３６７）
２００g（¥６９１）
１kg

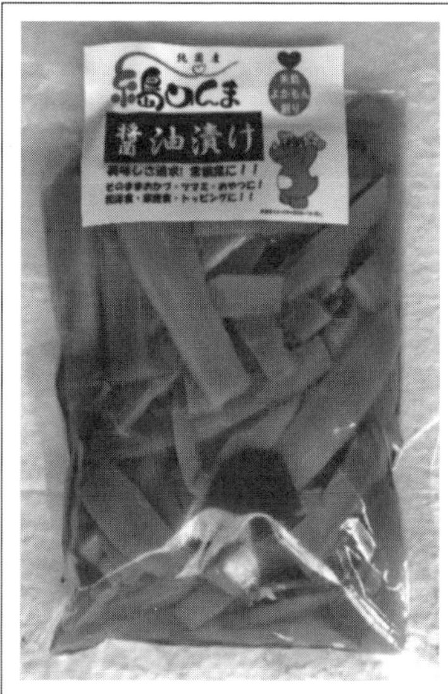

◆Recipe：
糸島メンマ塩抜き・ボイル　１０００g
漬け材料：
①天然醸造醤油　２５０g
②キビ糖　２５０g
③醸造酢　５０g
④酒　５０g
⑤昆布　１０g
⑥水　２５０g
⑦山椒

◆保存
冷蔵Ｘ　２ヶ月

備考：高濃度塩漬け（塩蔵品）純国産メンマを、塩抜き・ボイルした材料をボイル。漬け材料として、醤油、キビ糖、醸造酢、酒、昆布、水を混ぜた後、ボイル。共に、冷めてからみ混ぜ１晩漬け込む。軽量包装した後密封した後、加熱消毒する。保存料等は使っていませんので、開封後は速やかに食べて頂きたい。

アプレ有限会社
〒８１９－１３３４　福岡県糸島市志摩岐志１５０１－２９
電話&FAX：０９２－３２８－１６７７　Email : ek-hitaka@esta.ocn.ne.jp

品名 【純国産糸島メンマ　甘酢漬け（柚子味）】

容量・価格：１００g（¥３６７）
　　　　　　２００g（¥６９１）
　　　　　　１kg

◆Recipe：

糸島メンマ塩抜き・ボイル　１０００g

漬け材料：

①醸造酢	２５０g
②キビ糖	２５０g
③昆布	１０g
④柚子	１０g
⑤唐辛子	３g
⑥水	２５０g

◆保存

冷蔵Ｘ　２ヶ月

備考：高濃度塩漬け（塩蔵品）純国産メンマを、塩抜き・ボイルした材料をボイル。漬け材料として、キビ糖、醸造酢、昆布、唐辛子・柚子・水を混ぜた後、ボイル。共に、冷めてからみ混ぜ１晩漬け込む。軽量包装した後密封した後、加熱消毒する。保存料等は使っていませんので、開封後は速やかに食べて頂きたい。

アプレ有限会社
〒８１９－１３３４　福岡県糸島市志摩岐志１５０１－２９
電話＆FAX：０９２－３２８－１６７７　Email : ek-hitaka@esta.ocn.ne.jp

純国産糸島めんまプロジェクト

品名 【竹スルメ　醤油味】

容量・価格：１００g（¥３６７）
　　　　　　２００g（¥６９１）
　　　　　　１kg

	◆Recipe： 糸島メンマ塩抜き・ボイル 天然醸造醤油 キビ糖 醸造酢 酒 昆布 山椒 ⇒乾燥 ◆保存 冷蔵X　２ヶ月
備考：１．高濃度塩漬け（塩蔵品）純国産メンマを、塩抜き・ボイル。 ２．天然醸造醤油、キビ糖、醸造酢、酒、昆布、山椒で味付。 ３．乾燥。 保存料等は使っていませんので、開封後は速やかに食べて頂きたい。 スルメの様な食感で、おつまみ、おやつに大人から子ども迄楽しめます。	

竹スルメは醤油味・甘酢味・カレー味があります。

（3）主要栄養成分とアミノ酸等分析結果

1.塩漬け

＊固形分：３３％
＊塩抜き後 主要栄養（１００ｇ当り）： エネルギー　２０.０kcal　　たんぱく質　１.５ｇ 脂質　０.３ｇ　　炭水化物　２.８ｇ 食塩相当量　０.０２ｇ　　ナトリウム　７ｍｇ

2.純国産糸島めんま　醤油漬け

主要栄養（１００ｇ当り）：エネルギー　５７.0 kcal たんぱく質　3.3 g　脂質　0.4 g　炭水化物　10.1 g 食塩相当量　3.2 g　ナトリウム1.276g 遊離アミノ酸１８種（mg／100g当り）： アスパラギン酸91　ロイシン87　バリン64　プロリン62 セリン61　リジン59　アラニン59　イソロイシン59 フェニルアラニン53　スレオニン47　グリシン35 ヒスチジン23　メチオニン12　チロシン11　他

7．用途に応じた対応

前述の通り、塩漬け処方統一は、この処方の研鑽や表裏年の対策(表の地区が裏の地区への融通、翌年への備え等)、大口需要家への連携納品等が可能となる。

その他、基本処方は塩漬けで統一する事を奨めるが、用途や目的でにあわせ夫々最適の処方を確立すべきであり、今後多様な処方が確立されることと考える。

8．味付け

①基本は味付けメンマ（惣菜）であり、全国各地での販売も始まっているが最終的には、和洋食、家庭料理、加工品に用途開拓すべきである。

②現在、漬物（糸島、広島、静岡等）や乾燥品（そのまま食べる）等、今迄に無い新しい製品も開発されている。

③その他、お焼き、カレーパン、キッシュ（グリーンコープ糸島店ことこと）小籠包（たまひろ食品）、チマキ（志摩の四季海鮮丼）、猪マン（糸島農業高校）等が販売されています。

④今後、竹するめ等乾燥品やつまみ、冷凍など新たなレシピ開発が期待されます。

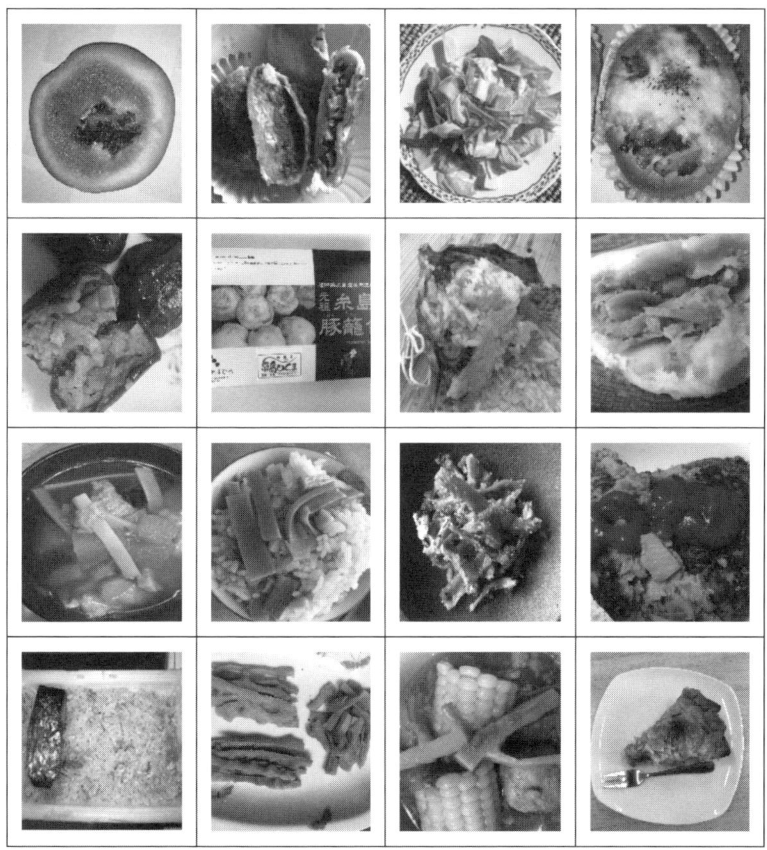

9．参考資料（Q＆A）

（Q１）純国産糸島めんま開発の経緯は？

純国産メンマの開発は結果的に竹種も違ってくるので、中国メンマと同じものを作るのではなく、改善したものを作るという目標をもって行った。種々検討したが主な流れは次の通りである。

①第1期（Ｈ２６）　＜塩発酵⇒乾燥＞

最初は、乳酸発酵はするが雑菌の発生は少ない塩濃度１５％（対茹でタケノコ）で行った後、乾燥した。それなりの品質となったが、戻しが難しく（中国品と同じで戻しても硬く、又安定せず課題ありと判断）、更なる改善が必要と考えた。乾燥は塩濃度が低い程、「硬さ」が問題となる。

平成２６年５月くるくるマーケットでの試験販売。

②第2期（Ｈ２７）　＜高濃度塩漬け⇒乾燥＞

次に、更に塩濃度を１０％発酵、３０％高濃度塩漬け（未発酵）の２種を並行して検討した所、３０％塩漬けー乾燥（塩干し）が食感、味の点で最も美味しいとの結果となり、販売を開始した。又１０％の方は乳酸菌数は高濃度に比し高いが発酵止めが必要であり、乳酸菌は死滅するし、味食感も変わらないので意味がないとの結果となった。

又、塩干しは、塩を多く含んでおり、干しタケノコの様にカリカリには乾かず直売所サイドから「これは乾燥品とは思えない」との指摘があった。更に、一旦乾いたと思っても後から湿ってきたりで製品の安定性に問題があることも解った。（ただ、塩漬けタケノコ乾燥品はよく見るものである。又乾燥をキッチリ行う事で問題は解決する）

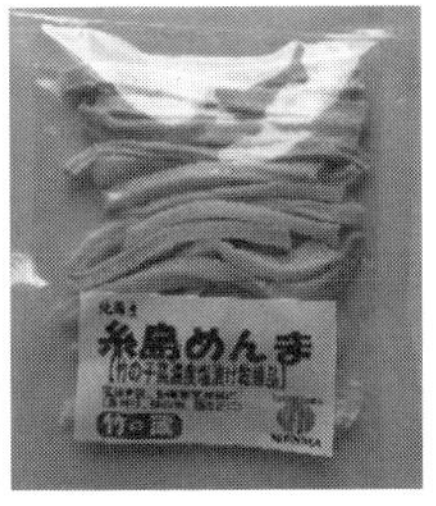

そこで、塩漬け（乾燥無し）が良いとのことから乾燥は止め、メリットの多い高濃度塩漬け（ウエットタイプ）で進めることとした。

③第３期（Ｈ２８年）　＜高濃度塩漬け＞最終案

乾燥を止め、ウエットタイプでの製品化を行った。

塩を多量に使う等の問題はあるが、わが国古来からの処方で、「作業が簡単」で「品質保持力」が高い（塩蔵）など、優れた製造方法だと確信している。

ウエットタイプは、工程も簡単（茹で後１工程）となり、硬軟の判断も食べる場合と同じで、商品品質確認がやりやすいのも特長の一つであり、塩抜きも容易にできる。

取り敢えずこれが最終版となる。

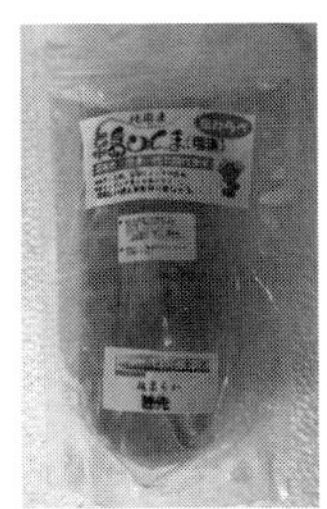

３００ｇ入り

１ｋｇ入り

④塩干しメンマ

高濃度塩漬け品を乾燥したもの（第2期）は、乾燥が難しいが、天日乾燥と強制乾燥を組み合わせる事で、安定性を改善でき、乾燥的食感も魅力的なので令和元年商品化した。

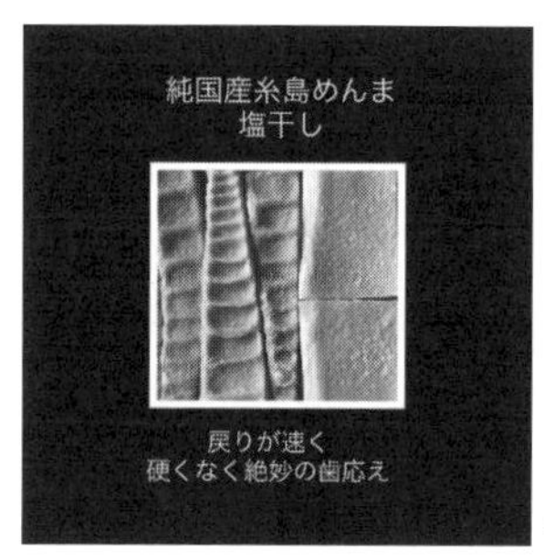

（Q 2）使用前の硬さ確認と調整は？

タケノコの場合は、【穂先―根】が一体化しており、用途も限られているので問題にはなり難いが純国産メンマの場合は、穂先、中央部、元部、元部（硬い）等用途が幅広く、使い方が部位により大きく変わります。したがって、生産者は用途をキッチリと把握し、用途によってトラブルが起きないように、又美味しく使ってもらうため細心の配慮が必要です。

硬さは、目視でも粗方判断でき、触ってみるとハッキリする。最終的には包丁捌きで対応するのが必要である。

硬さについては、

穂先	問題が少ない？
中央部	節の部分が注意を要する。
元部（柔らか）	問題が少ない？
元部（硬い）	佃煮、味付メンマには要注意！ 硬い部分の活用―お焼き、小籠包、餃子など食感を楽しむものへ。

純国産メンマ（塩漬け）は、食べるときと状況が同じなので、硬さ確認が可能である。

出荷前、調理前に、包丁捌きで調整、確認ができる。（乾燥品は、戻さないと硬さ確認ができない）

白い
硬い
ピンク・肌色
柔らかい

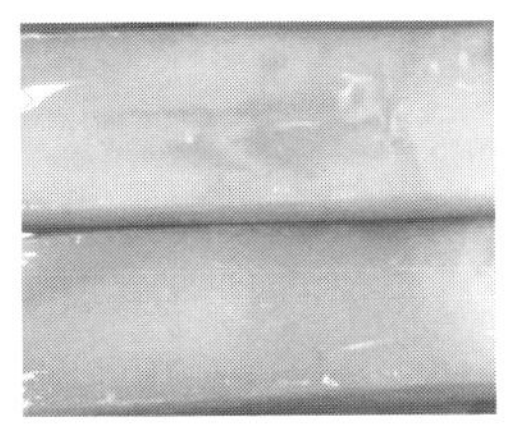
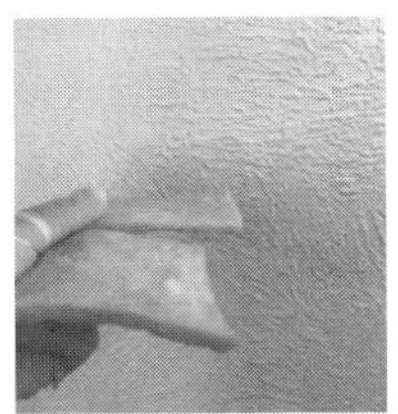

（Q３）硬そうな場合のカット方法（スライス・ダイス）は？

用途によって、最適の大きさに調整する。

（１）薄く細かくカットする。

（２）筋を避ける為に斜めにカットする（筋切り）。

（３）縦切りでなく横切りとする。

（４）ダイスカットを活用する、そのままダイス（１５Ｘ１５ｍｍ角）、２枚下し、３枚下し（５Ｘ５ｍｍ角）。

小籠包・餃子用　三枚下し後カット

サイコロ大（２０mm×２０mm）　　　　　　サイコロ小（５mm×５mm）

お焼き・チマキ・カレーパン等　　　小籠包・餃子等

（Ｑ４）硬い部分の利用は？

硬い部分の利用は、サイコロ、ミジンにして、お焼き、小籠包、餃子等に活用できるが、更に硬い部分や節等は別の対応が必用である。

例えば斜め切り、ミジン、横切り等カットの方法や加工法や竹するめ（穂先・中央部もＯＫ）等に加工する事で更に使用の加工性が増える。

（Ｑ５）硬い部分を柔らかくする方法は？

柔らかくする方法は、茹でる方法、発酵する方法等がある。塩漬けした幼竹の硬い部分（節、筋有り元部）を塩抜きした後発酵（塩抜き⇒常温・２週間、４週間発酵）すると、全体的には柔らかくなる。ただ、筋の部分は筋が残り使えない。お茶等には使えそうである。

今後この分野の用途開発を進め廃棄する部分を減らす事が必用である。

（Q６）**皮等の活用は？**

タケノコの場合採取する状態にもよるが４０～５０％を皮が占める。幼竹２mの場合約３６％が皮である。この皮は一般には山に捨てられているが、臭いやコバエ発生など厄介である。一部では、堆肥化（福岡県等）や千葉ではゾウさんの餌等に活用されており、採取量の約半量（１０トン加工して約５トンのメンマを作れば約５トンの皮がでる）が発生する皮の処理は今後必須である。現在は、価値なし、低価値でしかないが、更に付加価値（飼料、繊維等として）を付ける事が出来れば、「純国産メンマ作りによる竹林整備」が進みやすくなる。皮、節、筋部等の用途が開ければ、幼竹１００％の活用ができる。

(青竹もパウダーにすれば食べられるが、未だ青竹や葉をそのまま人が食べるには相当の検討が必要であるが不可能でもない)

（Q７）**チロシンとは？**

チロシン（tyrosine、（ S ）- α -amino-4-hydroxybenzen propanoic acid）は、タンパク質を構成するアミノ酸の一つで、タケノコの他チーズ、納豆、味噌のも含まれる。チロシンは、カテコールアミン神経伝達物質（エピネフリン、ドーパミン等)、ホルモン、メラミン色素等の前駆体である。タケノコを茹でると白い粉末となるが、チロシンが結晶化したものである（弊方での試験の結果約５％のチロシンを含んである)。チロシンには毒性はなく有害事例の報告はない。一般的には、その旨を記載して販売することが多いが、用途によってはチロシンを除きたい場合もあるので検討した。一般には、チロシン（白い付着物）はスポンジで擦り洗いすると簡単に綺麗になる。水道水噴射でも取れるが、メンマ自体に傷がつくことがあり注意を要する。その他、アルカリ等で除去する方法がある。

洗い前　　　　　洗い後　　　　洗い前　　　　洗い後

（チロシン除去）

（Ｑ８）純国産メンマ各工程の水分（固形分）は？

水分は幼竹９０．８％、茹で後８９．９％、塩漬け時約７０％、塩抜き後９５．３％

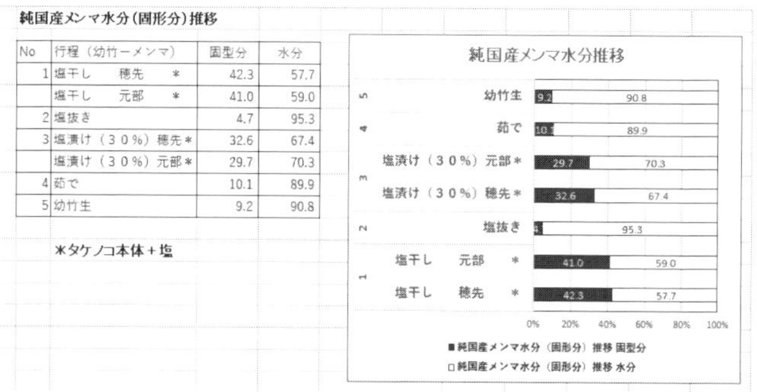

純国産メンマ水分(固形分)推移

No	行程（幼竹ーメンマ）	固型分	水分
1	塩干し　　穂先　　＊	42.3	57.7
	塩干し　　元部　　＊	41.0	59.0
2	塩抜き	4.7	95.3
3	塩漬け（３０％）穂先＊	32.6	67.4
	塩漬け（３０％）元部＊	29.7	70.3
4	茹で	10.1	89.9
5	幼竹生	9.2	90.8

＊タケノコ本体＋塩

（Ｑ９）純国産メンマ組成推移は？

茹でタケノコ水分８９．８％、塩漬けメンマの水分６８．９％（タケノコｄｒｙ換算１０．２％、塩２０．９％）漬け込み後の水分２３％（歩留り７７％）。

純国産メンマ組成推移　　　202007appre

		kg		固型分	水分	塩
仕	茹でタケノコ	21.5	（水分89.9%）	2.2	19.3	
	塩（対３０％	6.5				6.5
		28.0		2.2	19.3	6.5
高	塩漬けメンマ	21.5	（水分68.5%）	2.2	14.8	4.5
	水	6.5	（内5.4kg＋外1.1kg）		4.5	2
		28.0		2.2	19.3	6.5

1．茹でタケノコの水分９０％
2．漬け込み後の水（塩水）は２３％
　ポリ袋の外側４％
3．塩漬けメンマの水分６８．９％
　（タケノコdry換算１０．２％
　＋塩２０．９％）

実測　g

		固型分	水分	塩	
5	塩漬け容器内	2.2	19.3	6.5	28
4	水		4.5	2	6.5
3	塩漬けメンマ	2.2	14.8	4.5	22
2	仕込み後	2.2	19.3	6.5	28
1	茹タケノコ	2.2	19.3		22

%

		固型分	水分	塩	
5	塩漬けメンマ	10.2	68.9	20.9	100
4	水		69.2	30.8	100
3	塩漬け容器内	7.9	68.9	23.2	100
2	仕込み後	2.2	19.3	6.5	28
1	茹でタケノコ	10.2	89.8		100

純国産メンマの組成推移

1 茹でタケノコ 10.2 89.8
2 仕込み後 2.2 19.3 6.5
3 塩漬け容器内 7.9 68.9 23.2
4 水 69.2 30.8
5 塩漬けメンマ 10.2 68.9 20.9
0% 20% 40% 60% 80% 100%
■固型分 □水分 □塩

（Q10）**発酵検討について？**

発酵について、幾つかの検討を行った。

中国メンマの製法は諸説あるが、概ね【茹でー発酵―乾燥】が基本処方であり、我々は塩なし発酵が匂いの素、乾燥は戻し困難の素と考え、日本の伝統的発酵の手法である【塩発酵】について幾らかの検討を行った。

①塩濃度と発酵関係（漬物等）

塩分濃度	０％	１０％	２０％	３０％ (塩蔵品)
乳酸発酵	○	○	×	×
雑菌	○	×	×	×

一方、３０％塩漬けに比し１０％塩漬けの乳酸発酵は少し高めであったが、１ヶ月後の発行止め（３０％再仕込み）で乳酸菌は死滅の可能性があり、又その他食感等にも変化がなく、１０％乳酸発酵―発酵止めの意味がなく検討を中断し、３０％一発塩漬けに一本化した。

又中国品の乳酸菌数を測定したところ乳酸菌ゼロであり、発酵してない可能性が強い（当方の結果では、塩なし発酵では著しく発酵し、又乾燥では乳酸菌は無くならない結果がある）。ただ、ここで乳酸菌が多数居たとしても、後の「戻し、臭い除去」工程で乳酸菌は死滅流出すると思われる。「メンマは発酵品なので身体によさそう！」という声もあるが、茹でー発酵―乾燥―戻しの工程で製造する限り、最後の戻し工程（及び塩抜き工程）で乳酸菌は残らないと思われる。メンマで乳酸菌を採ろうとするならば、最後に発酵工程を置くべきである。

純国産メンマで、塩抜き後に発酵すれば、乳酸菌たっぷりの商品となる（また、メンマの竹ぬか漬け、粕漬けなどでも乳酸菌を採れる方法は色々あり、）。

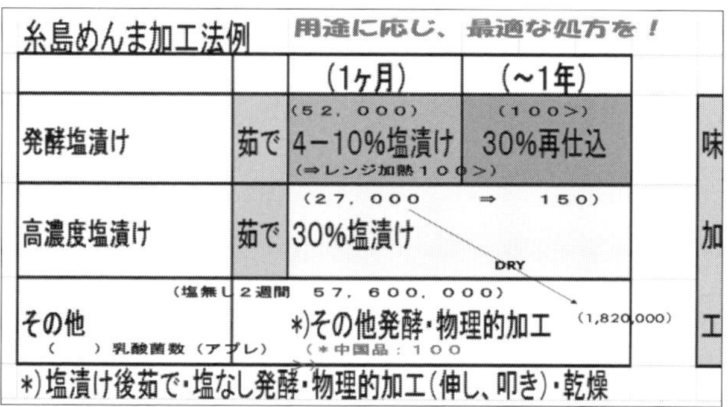

（ ）内は乳酸菌数実測

（Q11）乳酸菌について？

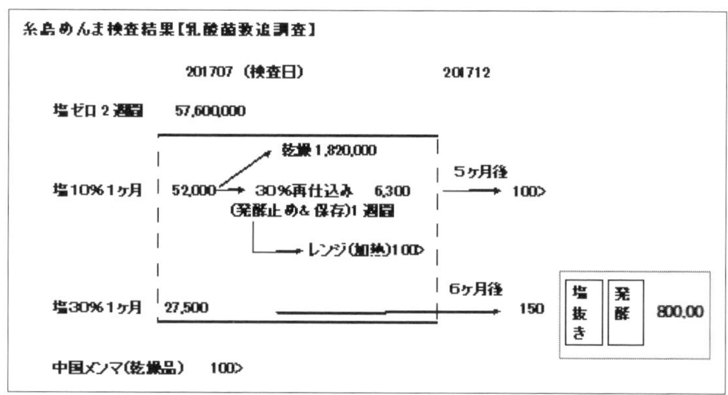

1.発酵塩漬け（１０％、８％）では１ヶ月後、乳酸菌数52,000個であるが、３０％塩での発酵止めにより、乳酸菌１００＞個となる。

2.３０％高濃度塩漬けでは１ヶ月後、乳酸菌数27,000個、半年後乳酸菌数１５０個となった（一旦発酵したものが減ったのか、温度なのかは不明である）。

3.塩濃度が低い程乳酸菌数は多い（但し、安定性に要注意）。
＊塩なし57,600,000個、 塩１０％　52,000個、 塩３０％ 27,000個

4.塩30％　27,000⇒天日乾燥後　1,820,000＜乾燥では増加傾向である＞

5.塩１０%　52,000⇒レンジ加熱　１００＞　＜加熱で乳酸菌なくなる＞

6.中国品　１００＞・・・このサンプルは元々発酵してないと思われる？

乳酸菌を摂取する為には、最終工程で発酵するのが必要で、塩抜き程度や、発酵条件等やや難しいと考えられ、乳酸菌を摂るなら「漬物」にするのもお奨めしたい。

メンマの竹ぬか漬け

（Q12）純国産メンマ作りに必要な設備・備品は？

この純国産メンマ作りによる竹林整備は元々大資本がいらない事業として検討しており、最小限の費用で事業化が可能です。

幼竹採取では「ノコ」、カット・皮剥きには「包丁」「手作りピーラー」、茹でには「釜」、塩漬けには「塩」「漬物バケツ」「ポリ袋」等です。

ただ、１０ｔ、１００ｔ規模となれば専用の工場（作業場）が有った方が好ましいが、当面は経費をかけずにスタートして欲しいと考えます。

【3】純国産メンマ作りで期待されること

1．里山・竹林整備

この事業の目的は、全国的課題である竹林整備の改善です。

竹林のみならず里山そのものの荒廃が問題であり、この解決には大きな努力が必要ですが、皆で目標をもって立ち向かえば解決できないものではない。

竹林整備の方法は、タケノコの作り方等でほぼ確立しているのでこれを参考に行う事が得策である。竹林整備が苦戦している中で、幼竹活用による竹林管理で取り組み方が変わり大きく前進すると思われるが、竹林整備を進めるには５～１０年の努力が必要です。今後この事業での、竹林整備進展の具体的な検証を行いたい。　現在、各地で進められている竹林整備、里山再生等に、“純国産メンマつくりによる竹林整備”が活用され、大きく進展すると思われる。

2．地域活性化

中山間地域をはじめ、いわゆる地域においては、過疎化等課題もおおく地域活性化が望まれる。活性化の材料の一つとして「純国産メンマつくりによる竹林整備」の活用が考えられる。

この事業は、竹林整備、幼竹採取、皮剥ぎ・カット、茹で、塩漬け、味付等工程が多岐にわたり、色んな人たちが関わり合うことができ活動の幅が広がる。又、タケノコ（皮付き・青果）はそのまま出荷され、地域での広がりがないが、幼竹は現状ではそのまま出荷することは不可能であるが、逆に、塩漬け、味付け等により付加価値がアップする分だけ地域の収入になり、活動が幅広くなる。

また、味付けは地域の特長を生かし、その土地ならではの名産品作りを進めることができ、可能性が大きく広がる。

皮付き（青果）６万円／トンで販売するより、味付加工して４００万円／トンにして地域外に販売する方が地域にとって好ましいと考える。

今迄価値が無く、邪魔だけの存在であった“取り損ねのタケノコ（幼竹）”を付加価値の高い商品（地域名産品）とするだけでなく、幼竹採取、皮剥ぎカット、茹で、塩漬け、味付等多くの人達が力を合わせ加工するので雇用の創出にも繋がる。

この事業は、経費がかからず一人でやるのも面白いが、タケノコ採取、茹でー塩漬け加工、味付加工、販売などチームを組んでの事業にも向いている。この事業を中心にして、他の活動と組み合わせて、大きなうねりを作っていきたい。是非、地域の人達でコミュニティ事業として組み立てて頂きたい。

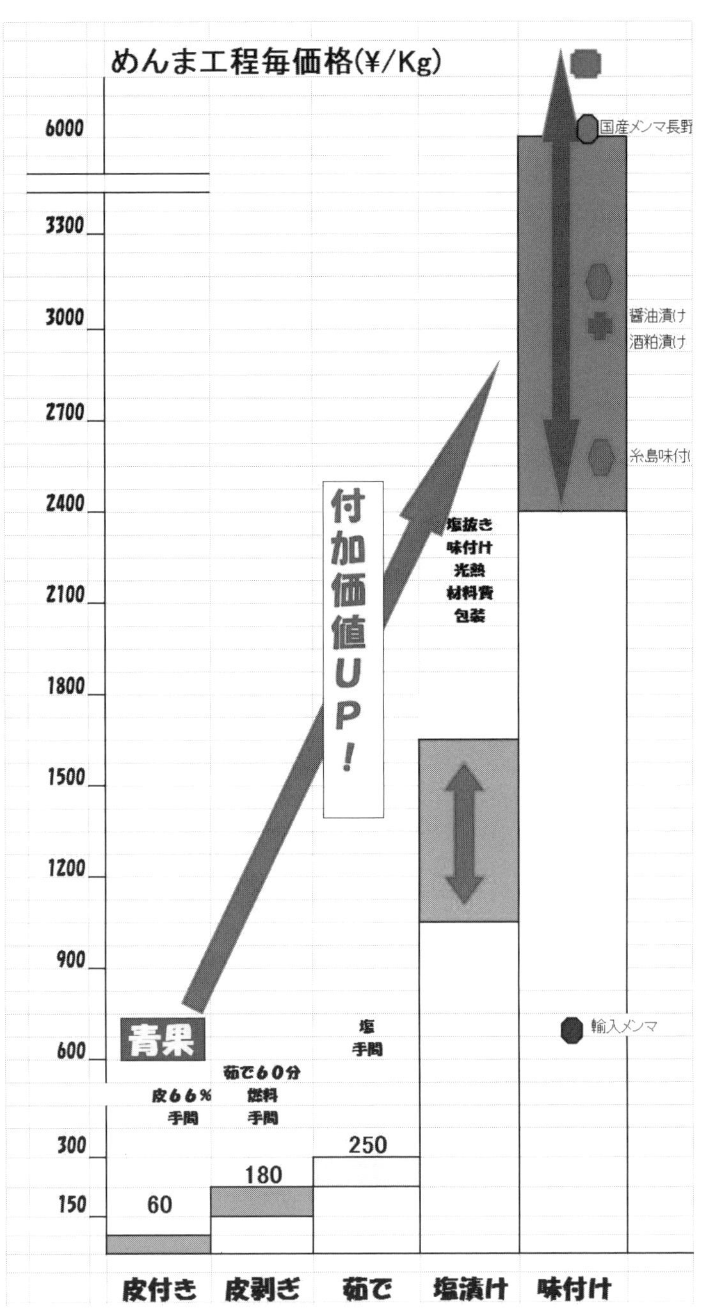
めんま工程毎価格(¥/Kg)
6000
3300
3000
2700
2400
2100
1800
1500
1200
900
600
300
150
国産メンマ長野
醤油漬け
酒粕漬け
糸島味付け
付加価値UP!
塩抜き
味付け
光熱
材料費
包装
輸入メンマ
青果
塩
手間
茹で60分
燃料
手間
皮66%
手間
250
180
60
皮付き
皮剥ぎ
茹で
塩漬け
味付け

純国産メンマ工程別市場規模　appre

	幼竹皮付	メンマ（塩漬け）	メンマ（味付け）	備考
1kg	60円	1000円	4000円	
1本（10Kg）	600円	5000円	2万円	皮剥5Kg
1トン	6万円	100万円	400万円	
10トン	60万円	1000万円	4000万円	
100トン	600万円	1億円	4億円	
1000トン	6000万円	10億円	40億円	
1万トン	6億円	100億円	400億円	
10万トン	60億円	1000億円	4000憶円	

初期のころは、皮剥ぎ品や茹で品での遣り取りを考えたが、茹で後即塩漬けが好ましく、皮付き（幼竹）の次は塩漬けとなる。塩漬けまで行くと品質は安定し、保管や移動は容易となる。

従来のタケノコは一般には、皮付き（青果）として販売され、価格が下がったら加工用として使われる（青果だから品質劣化＝価値急落・無しとなるが、保存が可能となれば価値の急激な低下は無くなる）。これもこの事業の大きな特長となる。この幼竹は、今のところ青果としては（穂先タケノコ以外）大きすぎて市場には出せない欠陥を有するが、地域名産品として加工し、付加価値を付けた上で、地域外に出していく事となり、欠陥が寧ろ恵まれた、幸いする一面となる。　幼竹採取後は、アクの発生、品質維持の為早期に塩漬け迄一気に行う事が必要である。

３．食の用途開発

“純国産メンマつくりによる竹林整備”は竹林整備が最大の効果となるが、食材としての育成普及も大きなテーマとなる。現在、ほぼ１００％中国等輸入にたよるメンマ（国内需要３万トン）の国産化を第一に考えるが、さらにタケノコ（国内需要２５万トン、内９０％約２２万トンが中国等からの輸入、国産３万トン）の国産化も対象になる。又、タケノコは外食産業、加工業界などでは、中国品を使っており、最近タケノコで、加工品等の新製品開発の意欲は無かったように考える。そこで、幼竹を使った純国産メンマをタケノコ分野で活用することも検討の余地大いにあると考える。幸い「純国産メンマ」は高濃度塩漬け（塩蔵品）であり、臭いや乾燥による問題もなく、タケノコ分野での活用に好適である。我が国のタケノコは主に青果として流通しており、春の風物詩として食されており、一年中何時もあるタケノコを供する場合単に保存したものとのイメージでは浸透に時間もかかると思われ、何か魅力的な品質、美味しさを付加する事が必要です（例えば、鯛の刺身と昆布〆の様に一手加えて美味しくなった、、様な）。

一般には、味付けメンマとなるが、菓子ケーキ、パスタ等洋食、お焼き、小籠包、餃子の他乾燥品、おつまみ等への活用を進めたい。「純国産メンマ」の可能性は大きい。

純国産メンマは、茹で後—高濃度塩漬け（塩蔵品）と一工程で作業が超効率的で、原則未乾燥で戻しが簡単となっています。現在は、塩漬け、味付メンマが基本となりますが、新たに醤油漬け、甘酢漬け、塩干し、発酵品が販売されています。又鳥取で誕生した「竹スルメ」も純国産メンマを使った「竹スルメ」が開発され、年間を通して生産が可能となっています。

一方、二枚、三枚におろした商品や大小サイコロやお焼き、チマキ、小籠包、餃子、ハンバーグ、お好み焼き、メンマのたこ焼き、メンマの竹ぬか漬け等既に販売されています。今後更に、焼く、揚げる、煮る等新しいメンマ料理が検討されるものと考えます。又、幼竹を容器とする事も考えられます。

【一例】

竹林整備において“竹ご飯”を良くされると思います。一般には、青竹に米、水（出汁）等を入れ、直火（又は間接的）で炊きますが、鳥取県江府町で教えて貰った方法は、青竹は同じですが、蒸しておられました。

夫々に良さはありますが、蒸す方法が美味しい料理を作るには良さそうに感じました。

そこで、我々は、幼竹を使い、蒸し竹ご飯を作ってみましたが、青竹の様に、ささくれの心配が要らず、ぷよぷよとして優しい容器で、美味しくできました。新しい春の風物詩に。

【4】糸島めんま開発と純国産メンマへ

竹パウダーの用途開拓の一環で、平成２４年食用竹パウダーと竹ぬか床の開発「糸島竹糠床のランド化（糸島市市民提案型まちづくり支援事業)」を行い「竹林整備に貢献」とうたってきたが、その竹の使用量が４トン／年程度で、竹林整備貢献を云々するにはまだまだ少なく更なる用途開発が必要だと考え、平成２６年「竹の市：竹の需要開拓と竹林整備」で今一度竹の需要拡大、山の価値向上を目標に検討を行いました。

この結果、大規模投資がいらず、全国草の根で行え、事業規模もある事業として、

1．竹チップ・パウダー事業　　　2．竹炭事業、
3．タケノコ・メンマ事業　　　　4．美竹林観光事業

を提言しました。

この中で、未だ誰もやっておらず、事業性、規模等から遣り甲斐のある事業として、“純国産メンマ”に着目し、予備試験を得て、平成２８年に糸島市市民提案型まちづくり支援事業「糸島メンマのブランド化と竹林整備」で検討した。

1．純国産糸島メンマの開発

（1）幼竹に着目

進まない竹林整備の原因を、青竹・枯れ竹と出てくる幼竹がゴッチャになって、切っても切っても減らないとの印象が強く整備が進んでいない。出るのを抑え（親竹を残して、幼竹を完伐し竹になるのを完璧に無くす)、後は立っている竹を計画的に伐採すれば５年或いは７年で竹林整備は完了できる筈

である。一般には、タケノコ生産農家はタケノコ生産をしながら、タケノコ山、タケノコ畑の維持管理を行っており、所謂竹林整備は、ＮＯＰ等地域団体、里山整備団体が荒山を借りたりして、竹林整備を行っているのが実情である。多くの団体は、国、県、市町村の助成金等を利用して、竹林整備を行なっていますが困難を伴っています。

何故、幼竹を誰も食べなかったのか?

何故、メンマの国産化を誰もしなかったのか？

等々疑問が湧く。

真竹、ハチクは４０－５０ｃｍの幼竹を食べるのに、孟宗竹は、掘ったものをタケノコとして食し、或いは穂先タケノコを食べており、何故か幼竹は食べられてていない。穂先タケノコは、４～６ｍの新竹（幼竹）の先４０ｃｍ程をいうケースがあるが、最近では２ｍの幼竹の穂先４０－５０ｃｍが穂先タケノコとして出荷されている。ただ、２ｍの上４０ｃｍを活用し、その下の１．５ｍは廃棄されたりして、勿体ない限りである。国内屈指のタケノコ産地八女等のタケノコ農家の方々に聞くと、１月、２月の早や掘りは珍しいので食べるが４月となるともう自分達は食べず、近所、親類に配ったりするがあまり喜ばれない、というより「茹でて持ってこい！」等といわれるとの事であった。元々地上２０ｃｍも出ると売れない、商品価値ゼロのタケノコとなり蹴っ飛ばす。価値ゼロというより、マイナス価値と言える。「食べられないと思っていた」、「売れるなら」、「買ってくれるなら」幾らでも採るよ！と、言われる。今後この幼竹が大きな価値あるものになる。

メンマの国産化が出来なかったのは、メンマの原料が“麻竹（マチク）”と言われる竹（中国南部、台湾、東南アジア原産）であり、この麻竹を使わないとメンマは出来ないとの考えであった。現実に、暖かい沖縄や奄美大島等で麻竹を輸入し栽培して、メンマ作りを検討していたようであるが、台風等で倒れ失敗しており、国産メンマはまだ出来てない。私達は、日本の竹林整備を目的に検討したので、日本の竹を活用しない手はないと発想を転換して行った。日本の竹を活用し、日本の発酵・塩蔵の技術を活用し、輸入メンマの欠点を改善した新しいメンマを作る。竹種が違っても美味しいメンマを作る事が第一と考えた。

（2）純国産糸島メンマ作り

２０１４年（平成２６年）「竹の市：竹の需要開拓と竹林整備」検討で、難航の竹林整が大きく進み、今迄食べられてない幼竹の有効活用ができる「純国産糸島メンマ作り」が有望なテーマとなり、具体的に検討を行う事となった。最初は、メンバーの奥さんがたまたま自分で作っていた乾燥タケノコを使ってメンマ様のものを作ってみたりした。

２０１５年1月にブランド名「糸島メンマ（総称。誰でも使用可能）」決定。２０１５年（平成２７年）２月２２日糸島市市民提案型まちづくり支援事業「竹の市：竹の需要開拓と竹林整備」の報告会「糸島竹サミット２０１５」でメンマの可能性につき報告し、糸島メンマの試食等を行った。

★２０１５．２．２３　ＫＢＣＴＶ　ニュースピア　（２０１５．２．２２竹サミット）

★２０１５．２．２４　ＫＢＣＴＶ　サワダデース　（２０１５．２．２２竹サミット）

２０１５年（平成２７年）は、研究会メンバーの吉村さんと一緒に糸島メンマの基礎研究をおこなった。先ず第一歩は、吉村さんが管理している竹林整備地から１ｍの幼竹を使い“１５％塩漬けー乾燥”で製品化し、一応の完成をみた。その他、種々検討を行ったが乾燥した為、特に戻しの後、硬さが残り、又出来上がりが振れる可能性があり、改善が必要と感じた。

（２０１５．５　糸島くるくるマーケットにて販売）

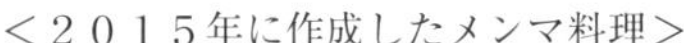
＜２０１５年に作成したメンマ料理＞

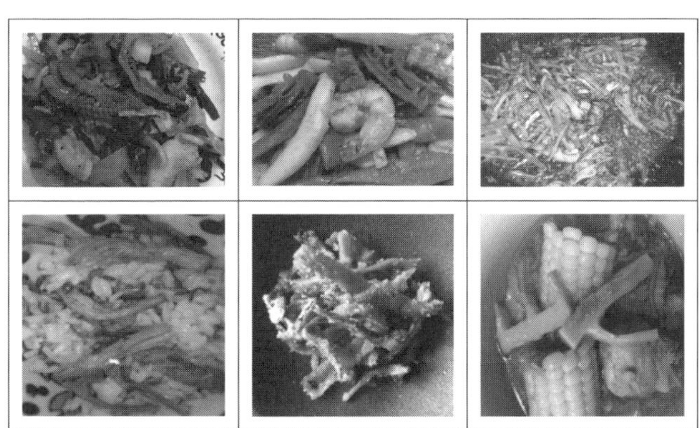

１ｍの幼竹がメンマとして美味しく食べられる事が分かったが、歯応えを更に強くするため要望から１．５ｍを検討する事となるが、乾燥したことで戻りが悪く、今後の作業の安定性などから、乾燥を止めたｗｅｔ型とした。最終版は、前項「純国産糸島めんま」を参照ください。

（3）糸島市でのメンマ作り状況（２０１９～２０２０年）

１．幼竹採取

蓑田氏、馬場氏、相薗氏、中村氏、松国竹林整備、渡辺氏、長糸珍竹林

２．塩漬け加工

（１）幼竹採取→カット→茹で→塩漬け

農業法人伊都のめぐみ、農研産業株式会社、長糸珍竹林（長糸区長会）、農業法人（株）伊都のめぐみ、スマイルファーム、糸島自然体験塾（→アプレ（有））、吉村デザイン（塩漬け・キムチ）、瑞梅寺地区、里山資源　他

（２）茹で→塩漬け　　志摩日々菜々（→アプレ(有)）

３．味付加工（アプレ塩漬け使用）

コミュニティカフェ＆デリことこと、たまひろ食品、志摩の四季海鮮丼、秋月とうふ家、伊都の栞（西中洲）他

◆食工房たまひろ：元祖糸島豚籠包

旧来より販売の糸島豚を使った元祖糸島豚籠包を販売中であるが、今回、皮には竹炭、具には糸島豚と糸島メンマを使ったこだわりの製品を開発されました。

美味しいと評判です。

◆コミュニティカフェ＆デリことこと

“コミュニティカフェ＆デリことこと”は環境、竹林整備にも興味を持ち、純国産メンマにも努力され、種々の加工品の開発に取り組まれ、多くの商品を販売中です。

糸島めんまサミットで検討結果を報告頂きました。(小柳さん、司会荒木さん)

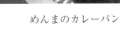

めんまのお焼き　　　　めんまのカレーパン

かぐや姫の贈り物

＊参考ですが、ことことさん、ポコポコさん他糸島では竹パウ

ダーの活用も進んでいます。

ことことさんのクッキーとフィナンシェ

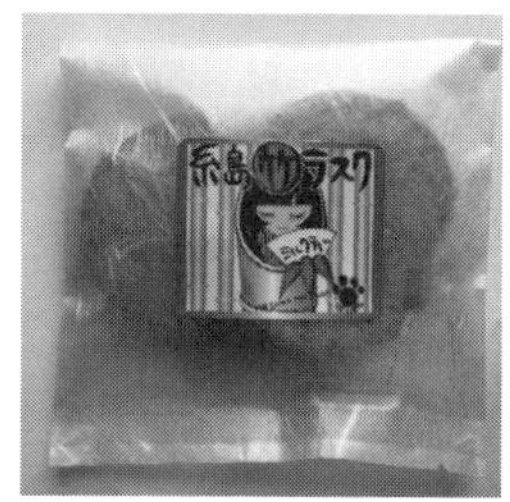

ぽこぽこさんの竹ラスク　　こしらえるjapanの竹バンズハンバーガー

◆志摩の四季海鮮丼の「エビチマキ（糸島めんま入り）」

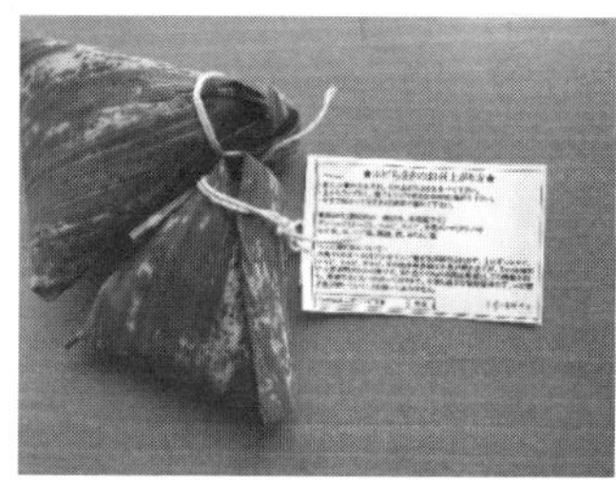

◆糸島農業高校・柚木氏「猪マン」

2．クラウドファンディングへのチャレンジ

平成２８年は、２０１５年12月１８日、先ずクラウドファンディング「Readyfor」にチャレンジ致しましたが、残念ながら不成立となりました。詳細はReadyforを参照ください。

・・

純国産の美味しいメンマ創りで全国的課題の竹林整備を進めます！

純国産の、今迄にない美味しいメンマづくりで地域活性化！！

はじめまして！糸島コミュニティー事業研究会主宰の日高栄治です。私は福岡市と唐津市の間に位置した歴史と自然の街糸島で、CB（地域課題を地域の人が主体となりビジネス手法や地域資源を活用して解決する事業）の支援並びに実践をしています。今回、糸島の放置竹林を活かした、メンマの純国産化に挑戦します！糸島を拠点とし、このビジネスモデルを確立したいと考えます。

（糸島コミュニティー事業研究会例会）

しかし、美味しいメンマ創りの為の竹の子採取ー加工の技術の確立、販売形態確立、メニューの開発等にかかる費用、そしてこの結果を地元糸島市、福岡県、全国に広げる為のツール冊子費用が不足しています。皆様のお力をお借りし、国産メンマ創りのビジネスモデルを確立し、同様の課題に悩まれている全国の行政、農業者、地域活動団体等に提案していきたいと考えます。ご支援宜しくお願いします

（メンマ竹の子は通常の竹の子の他、写真の様に１m位伸びた

竹の子を活用します。３－４m程伸びた竹の子も上部４０－５０ｃmは

穂先メンマとして利用可能です。）

皆様ご存知ですか？メンマの９９％は輸入品だということを・・・

国産メンマでメンマをリブランディング！！

メンマの国内品は殆ど無く、中国等からの輸入に頼っている状態です。輸入メンマ（乾燥品）は、臭いがきつく加工業者は臭いを消すのに努力されているとの事ですが国産品はこの嫌な臭いが無いものを創ります。さらに輸入品は形なども画一化していますが、国産化により、味や形もお客様のご要望にお応えできます。新しい形のメンマが可能です。従来の竹の子料理の他、糸島メンマを使った煮物、天ぷら、餃子、ハンバーグ、汁物、ご飯、サラダ、おやつ、つまみ等新たなメニューも提案したいと考えます。

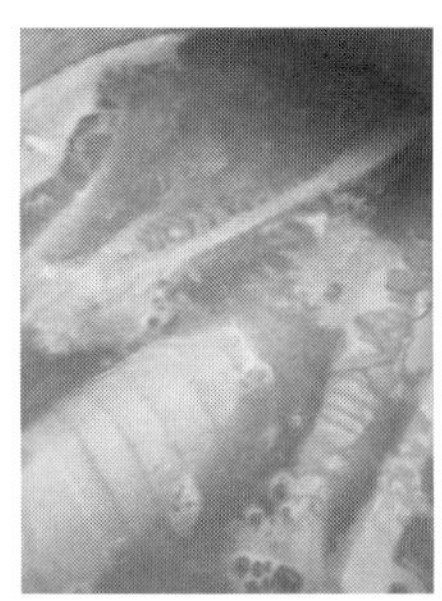

（採取した竹の子は、当日中、出来る丈早く茹でます。

一般には茹でＸ１時間を基本としますが、材料よ　って加減します。

硬いのはＮＧです。）

全国的に問題となっている放置竹林、糸島でも増加の傾向にあります。

糸島メンマづくりで竹林整備を促進させる！？

“糸島魔法の竹ぬか床”も竹林整備の支援を目的に竹パウダーを活用していますが、竹林整備を進めるにはもっと画期的な策が必要と実感しています。昨年度、糸島市市民提案型まちづくり支援事業で「竹の需要拡大による竹林整備支援」を掲げ検討の結果①糸島メンマつくり②竹パウダーの活用③放置竹林の耕作地化④竹観光の確立を提案し、竹林整備と新食材の開発という観点から、メンマ作りがこの中で最も効果的であるという結論に至りました。現在竹林整備とは、密集した青竹、枯れ竹を伐採、整備していくことですが、”出るを押さえるメンマ竹の子採取”が竹林整備を進める為の”切札”になると考えます。又将来的には、美竹林観光、竹の子メンマ食街道など夢が広がります。

（全国の放置竹林が問題となっていますが、竹が密集し竹の子も生えません。良質の竹の子を収穫するには、竹林の整備、栄養補給等必要です。）

糸島市で「国産メンマづくりのビジネスモデル」を確立し、竹林整備に悩む地区や全国へ発信します！！

先ずは地域メンマ事業事業が興り、結果として竹林整備が進み、農業者、NPO等地域活動団体目標ができ地域経済が活性化します。そして新しいビジネスが興り、雇用拡大にも繋がります。このビジネスモデルを全国的に広げていく事で量、金額共に大きい市場が生まれます。

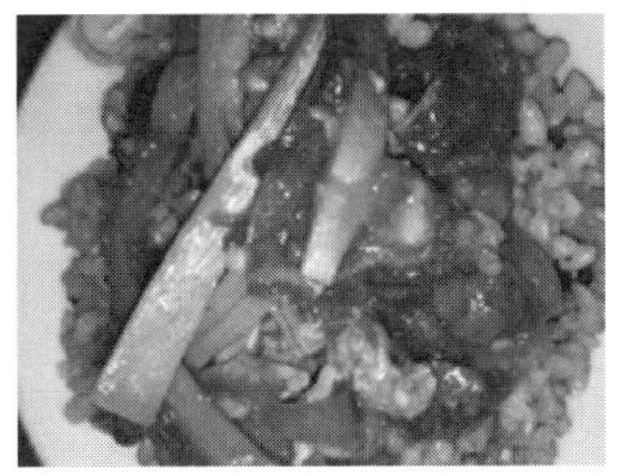

更に、安心安全の美味しい国産メンマはラーメン店、中華店だけではなく、和食、洋食を含めた料理への展開ができ、家族の団欒をつくる一般家庭料理へ受け入れられることでしょう。古くから親しまれている竹の子、メンマが、”新しく美味しい”新規食材として日本全土に広がると確信しています。皆様も、この国産メンマが、将来的に皆さま一人一人の口にお届けできる様になれば嬉しい限りです。皆様のご協力を宜しくお願い申し上げます。

（従来のラーメン、中華に限定させず、和洋料理の他一般家庭での煮物、天ぷら、汁物、ご飯、ハンバーグ、春巻き、餃子、キムチ等メンマ独特の歯応えが生きるニューの開発も行います。）

糸島でＣＢ（＝地域の課題を地域の人が経営手法、地域資源を活用して解決する事業）を推進（糸島ＣＢ研究会主宰）。竹ぬか床に続きメンマ国産化検討。

・・・

３．糸島メンマキックオフ会開催　平成２８年2月２７日

平成２７年度の糸島メンマ作りの基礎試験を基にコミュニティ事業として可能性が出てきた。

本格検討に先立ち、キックオフ会を開催した。

◆ＮＨＫアサイチ　平成２８年３月８日

２月２７日糸島メンマキックオフをうけて３月８日ＮＨＫアサイチに出演。

４．平成２８年度糸島市市民提案型まちづくり支援事業
「糸島メンマのブランド化と竹林整備」

平成２６年度糸島市市民提案型まちづくり支援事業「竹の市：竹の用途開拓と竹林整備」、「糸島竹サミット２０１５」、平成２７年度の自主検討結果から、メンマの国産化と竹林整備について、可能性が大きくなってきたことも有り、本格検討を行う事となった。

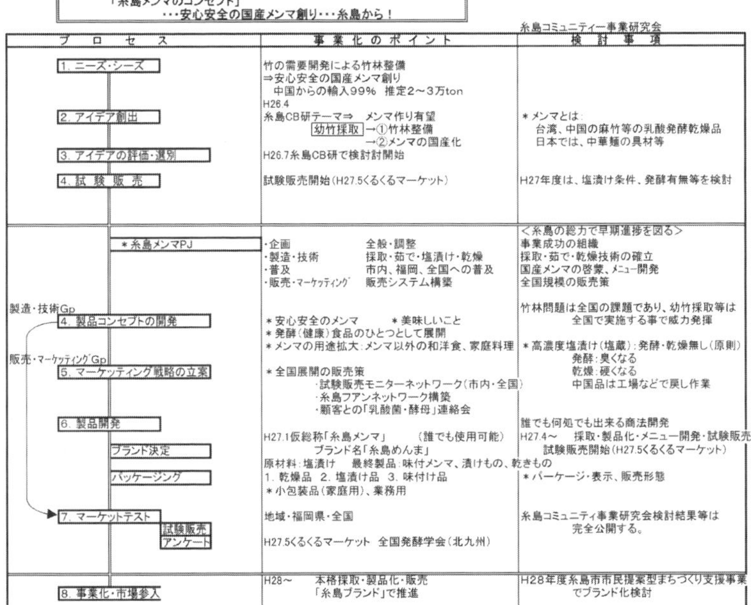

「糸島メンマ」開発計画

平成26年度糸島市市民提案型まちづくり事業（竹の需要拡大による竹林整備）

「糸島メンマのコンセプト」
・・・安心安全の国産メンマ創り・・・糸島から！

糸島コミュニティー事業研究会

プロセス	事業化のポイント	検討事項
1. ニーズ・シーズ	竹の需要開発による竹林整備 ⇒安心安全の国産メンマ創り 中国からの輸入99%　推定2～3万ton	
2. アイデア創出	H26.4 糸島CB研テーマ⇒　メンマ作り有望 幼竹採取→①竹林整備 →②メンマの国産化	＊メンマとは： 台湾、中国の麻竹等の乳酸発酵乾燥品 日本では、中華麺の具材等
3. アイデアの評価・選別	H26.7糸島CB研で検討討開始	
4. 試験販売	試験販売開始（H27.5くるくるマーケット）	H27年度は、塩漬け条件、発酵有無等を検討
＊糸島メンマPJ	・企画　全般・調整 ・製造・技術　採取・茹で・塩漬け・乾燥 ・普及　市内、福岡、全国への普及 ・販売・マーケティング　販売システム構築	<糸島の総力で早期進捗を図る> 事業成功の組織 採取・茹で・乾燥技術の確立 国産メンマの啓蒙、メニュー開発 全国規模の販売策
製造・技術Gp 4. 製品コンセプトの開発	＊安心安全のメンマ　＊美味しいこと ＊発酵（健康）食品のひとつとして展開 ＊メンマの用途拡大：メンマ以外の和洋食、家庭料理	竹林問題は全国の課題であり、幼竹採取等は全国で実施する事で威力発揮 ＊高濃度塩漬け（塩蔵）：発酵・乾燥無し（原則） 発酵：臭くなる 乾燥：硬くなる 中国品は工場などで戻し作業
販売・マーケティングGp 5. マーケティング戦略の立案	＊全国展開の販売策 ・試験販売モニターネットワーク（市内・全国） ・糸島フアンネットワーク構築 ・顧客との「乳酸菌・酵母」連絡会	
6. 製品開発		誰でも何処でも出来る商法開発
ブランド決定	H27.1仮総称「糸島メンマ」　（誰でも使用可能） ブランド名「糸島めんま」	H27.4～　採取・製品化・メニュー開発・試験販売 試験販売開始（H27.5くるくるマーケット）
パッケージング	原材料：塩漬け　最終製品：味付メンマ、漬けもの、乾きもの 1. 乾燥品　2. 塩漬け品　3. 味付け品 ＊小包装品（家庭用）、業務用	＊パーケージ・表示、販売形態
7. マーケットテスト 試験販売 アンケート	地域・福岡県・全国 H27.5くるくるマーケット　全国発酵学会（北九州）	糸島コミュニティ事業研究会検討結果等は完全公開する。
8. 事業化・市場参入	H28～　本格採取・製品化・販売 「糸島ブランド」で推進	H28年度糸島市市民提案型まちづくり支援事業でブランド化検討

事　業　計　画　書

1団体名	糸島コミュニティ事業研究会
2事業名	糸島メンマのブランド化と竹林整備
3事業の目的	1．全国的な課題となっている放置竹林の問題は糸島も例外でなく、災害危険も含め深刻である。国・県・市をあげて対策されているが放置竹林は更に増加傾向にある。今回、出るを抑える新しい策として「メンマ作り」で竹林整備を進めたいと考えます。 2．一方、メンマはラーメン主体に大量使用されているが、殆どが中国からの輸入であり、これを国産化し、ラーメン並びに新たな食材として開発、一般家庭等での用途開拓を実施します。
4事業の目標	1．「美竹林ネットワーク」の構築 農業者・地域団体・個人による高品質材料採取の為の連携とレベルアップ。高齢者等を含めた里山コミュニティの再生をメンマで行います。 2．糸島メンマ（メンマの純国産化）のブランド化 メンマの純国産化を糸島で実施し、糸島メンマの新用途開発（特長を活かした加工品創りと和洋中料理、家庭料理へのメニュー開拓）の為「糸島メンマ美食ネットワーク」構築を行います。季節の食から年間通じて楽しむ食材へと育成します。 3．その他、美竹林・美食を併せた観光、糸島メンマの品質確定等併せて実施。（★詳細別紙）
5実施期間 添付資料要	補助金交付日または　　年　　月　　日から 平成２９年３月３１日まで （実施スケジュール別紙添付）
6実施場所	1．竹林整備セミナー等：糸島市内竹林他 2．糸島メンマメニュー開発：市内加工品メーカー、飲食店等 3．糸島コミュニティ事業推進セミナー：いとしま応援プラザ等

7事業の対象者	1．竹林整備、竹の子採取：糸島市内農業者、NPO等 2．糸島メンマ加工品：糸島市内加工品事業者等。 3．糸島メンマ料理開拓：糸島市内飲食店等。 4．需要者：糸島市内家庭、福岡市家庭等。
8スケジュール	1．スタート告知：チラシ、参画者募集 2．事業推進セミナー：毎月第3木曜日（7～3月） 3．竹林整備、竹の子採取セミナー：11月・2月 4．糸島メンマ料理・加工品セミナー：9月・2月
9他団体との連携	(有)・無 伊都菜彩、志摩の四季、雉琴の郷、糸島くるくるマーケット、NPO法人等
10事業の効果	1．「美竹林ネットワーク」と「糸島メンマ美食ネットワーク」が糸島メンマの事業化を支える両輪となり、良質の商品を作り続ける体制が出来る。 2．メンマ事業により、竹林の整備が今迄になく進み、美竹林化される。
11事業後の展開	糸島メンマが日本のトップブランドとしての地位を確立する。関連の産業も育成され、竹の子、メンマ、美竹林の一大拠点となる。糸島の食と美竹林を組み合わせた活動（糸島メンマ街道等）も活発に行われる。

団 体 概 要 書

団体名	（フリガナ）イトシマコミュニティジギョウケンキュウカイ 名称　糸島コミュニティ事業研究会
団体の所在地	（住所）〒819－1334 糸島市志摩岐志1501－29
代表者	（フリガナ）ヒタカ　エイジ 氏名　日高　栄治
	（住所）〒819－1334 糸島市志摩岐志1501－29
	（電話）092-328-1677（携帯）090-1178-1237 （FAX）092-328-1677 （メールアドレス）ek-hitaka@vesta.ocn.ne.jp

<table>
<tr><td rowspan="2">団体の規約・会資料要設立年月</td><td>２７名（うち市内在住・通勤者　２２名）</td></tr>
<tr><td>平成２２年４月</td></tr>
<tr><td>設立後の主な活動と実績</td><td>(NPO法人NAP福岡センターは平成19・20.21福岡県との協働でコミュニティ事業の推進を実施)
１．糸島でのコミュニティ事業の推進の為、２２年４月に設立。
２．Ｈ２２年４月～Ｈ２４年３月：地域課題のＣＢ化について５０テーマを検討。
３．Ｈ２４年糸島市市民提案型まちづくり支援事業「糸島竹糠床のブランド化」・・・Ｈ２５年３月「糸島魔法の竹ぬか床」 等販売開始
４．Ｈ２５年糸島市市民提案型まちづくり支援事業「糸島名産化」・・・平成２６年４月「糸島テンペ」他販売開始
５．Ｈ２６年糸島市市民提案型まちづくり支援事業「竹の市ー竹の用途開拓による竹林整備」・・・平成２７年４月「竹パウダー」等販売開始
６．Ｈ２７年４月～Ｈ２８年３月「糸島メンマ」の先行検討（１）竹の子採取検討（２）加工法検討（塩漬け）（３）味付け他料理検討
７．Ｈ２８年２月２７日糸島メンマキックオフ会開催
８．Ｈ２８年度「糸島メンマ」本格事業化
Ｈ２８年度糸島市市民提案型まちづくり支援事業に応募し地域をあげた体制作りを推進中。</td></tr>
</table>

◆糸島ゲストハウス「ことのは」 野北智之さんのブログ

研究会にご参加頂きました野北さんがご自身のブログに載せて頂きました。まだ開発研究している段階でしたが、良くまとまっており、こちらの方が勉強になりました。許可を頂き転載させて頂きます。

糸島発！「純国産メンマ」プロジェクト！2016-06-30

https://itoshima-guesthouse.com/2016/06/23-menma/

こんにちは！
要注目の観光地・福岡県糸島市で、
ゲストハウス「**前原宿（まえばるしゅく）ことのは**」を運営する、のぎー&かなです。
本日もブログ訪問ありがとうございます！

糸島は海が有名です！しかーし、山はどうでしょう！
美しい山並みが目立ちますが、**近くに寄ってみると、あらビックリで、荒れ放題。**

そんな山も多いので、地元に戻ってきたからには、**何か一つは山に関わる仕事をしたい**と思っていました。

すると、「**糸島めんま（メンマの純国産化プロジェクト）**」なるものがあると聞いて、打ち合わせに参加してきました！

会場は志摩・初にある、いとしま応援プラザでした！
こちらでは新規起業者の応援も行っておられますよ！

↓いとしま応援プラザ

山の荒廃とメンマが関係あるんですね〜。面白い。

そもそもなぜ山が荒れるか？

↓荒れた山

実は少子高齢化や田舎における人口減少と無関係な話ではないのですが、本来、山と日本人の生活はかなり密接でした。
山から切り出した木材は家の材料にもなるし、薪として燃料にもなります。また山菜などを採る場としても重要でした。

しかし、木材は**安い輸入材**が優勢となり、**少子高齢化**や**人口減少**も重なると、山の手入れをする人が誰もいなくなりました。
すると、どうなると思いますか？

竹が山に氾濫します。それはそれで良いような気もしますが、実は竹は育ちがとてつもなく早く、数をどんどん増やしていくので、他の木が育つのを邪魔してしまいます。なおかつ、根が浅いので、大雨が降ると、上の写真のようにあっけなく倒れてしまいます。

すると、**山は危険が増して、さらに誰も近づかない**という悪循環。。。。

大雨の度に、あちこちでがけ崩れや裏山が崩れたというニュースが聞こえてきますが、**山の手入れが行き届かず、竹が増えすぎたのも原因**の一つと言われています。

ちなみに、かつて人が手入れをしていたような身近な山を「**里山（さとやま）**」と呼びます。
その里山が今荒れているわけですが、人家からも近いため、放っておくとかなり危険ですね。。。

そこで、メンマの登場！
↓説明をするプロジェクト代表の日高さん

そこで、救世主として「**メンマ**」が登場するわけですが、知っているようで知らないメンマ。

実は、**メンマって竹から出来ている**んですよー。

醤油ラーメンを頼むと絶対に入っているあのメンマの正体を全然知りませんでした！
タケノコといえばそうなんでしょうが、かなり育ってから切るみたいですね。でもまだ竹にはなりきってませんね。
「**タケノコ以上竹未満**」みたいな感じですね。

↓1〜3メートルくらいの竹がメンマになります。

それを**乳酸発酵**させるとメンマになります！！実はメンマって**発酵食品**なんですね！！！
ビックリしました。今までずっと食べていたのに気づいてませんでした。

日高さん曰く、増え続ける竹を有効に活用するには、**食べるかパウダーにして商品化する**しかないと思ったそうです。
確かに、バンブーライトばっかり作っても、しょうがないですよねー。
そこで**試食**です！

ごま油炒めや粕漬け、キムチがありましたが、**キムチ**が一番美味かったです！
これは商品化できると思います。

なんと国産メンマは国内需要のたった1%！！
メンマが売れると、地域の竹林も整備される！一石二鳥です！
誰もやりたがらない竹林整備をビジネス化するわけですから、一般的には**コミュニティビジネス**と呼ばれる領域になるんだと思います。
儲けより社会貢献の方が優先されるビジネスのことですね。

しかもなんと、**国産メンマは国内需要のたった1%しか供給できていません！！**
ほとんど中国産です。

おぉ、国産メンマって、競争相手の少ない、めっちゃブルーオーシャンですねぇ。
実は日本各地でも竹林整備とメンマ生産が相性が良いことに気づいている団体がいくつもあるようですが、なかなか進まないらしいです。
あれっ？って感じですが、竹林整備の吉村さんの話を聞いてとても大変そうだなぁと思いました。
↓竹林整備の吉村さん

竹の成長スピードはとても早いので、実際に竹やぶに入って、メンマの材料になる竹を切ってくるのは、春先の1〜2か月ほどの間になるそうです。
(すみません、正確な時期や期間はちょっとうろ覚え)
またおじいさんたちが整備を諦めたことでも分かるように、**斜面の足場の悪い中、切った竹を運び出す作業は想像以上に効率が悪いそう。**
日本の林業が衰退した理由でもありますねぇ。

ブラジルとかだだっ広い平地に、ズラ〜〜〜って何十キロに渡って、輸出用の木が植えられてますから。

ある一定の時期に、大量の人が必要なので、全国でもなかなか話が進まないようです。そんなにお金払って人が雇えるかって話でもあります。
ここで思うのは、今は「体験」にお金を払う人って結構多いということです。

里山ワークショップみたいな形で募集したら、竹切りたい人って結構集まると思います。竹を切る作業自体はそれほど難しくないらしいので、抵抗なく多くの人が参加してくれるはずです。

あるいは、Workawayのような形でボランティアを募ることです。食事と寝床さえ提供してくれれば、仕事手伝うよという人もかなり多いです。私たちは自分でも竹林整備をやってみたいし、私たちの宿に宿泊する人たちにぜひそういうボランティア体験を勧めてみたいと思ってます。

「糸島めんま(メンマの純国産化プロジェクト)」では、全国に先駆けて成功を収めて、ぜひ多くの地域で真似してほしいと考

えておられます。

成果を独り占めしないところが素晴らしい！
月に1回程度ミーティングが開かれるそうなので、興味ある方はぜひチェックしてください！

明日も糸島を楽しみます！！

プロジェクト名：糸島めんま（メンマの純国産化プロジェクト）
HP：https://www.facebook.com/糸島めんま（メンマの純国産化プロジェクト）-1434255173547571/
（※2016年6月現在の情報です）

◆「糸島メンマのブランド化と竹林整備講演会」平成２８年度
１０月２０日「ながのばあちゃんに学びめんま作りに活かす！」

タケノコ生産や加工で有名な「飯塚市内野長野路代さん」にタケノコ加工、塩漬け、販売についてお話頂きました。また、タケノコパスタの試食を頂きメンマの可能性を感じました。

◆メンマセミナー「食品並びに加工品の安全確保と許可取得」

糸島保健福祉事務所　佐伯課長

保健所から、メンマ塩漬け販売に関し、安全性の確保の為の考え方などご教示頂きました。安全性の確保無くして、販売はできない。３０％高濃度塩漬け（塩蔵品）の安全性は高い事を確認いたしました。

◆メンマセミナー「熊本・広島からの参加」

毎月のセミナーでは竹林整備やメンマ食の開発を行ってきましたが、最後の３月のセミナーには、広島県安芸高田で「風の人」谷川さん、熊本で竹灯籠で世界的に有名な三城さんグループもわざわざご参加頂きました。又福岡マリオや地元友納さんのタケノコ紙芝居等盛り沢山で楽しい会となりました。

平成２８年度糸島市市民提案型まちづくり支援事業

「糸島メンマのブランド化と竹林整備」報告会

「糸島めんまと竹林整備サミット２０１５」

平成２８年度糸島市市民提案型まちづくり支援事業「糸島メンマのブランド化と竹林整備」の１年間の結果報告会を行った。約１００名の参加を得て、ＴＶ局放映に繋がった。

平成28年度糸島市市民提案型まちづくり支援事業報告会

糸島めんまと竹林整備サミット

～糸島めんまのブランド化と竹林整備事業報告～

日時：平成29年2月16日(木)
13:30～16:30

会場：糸島市健康福祉センターふれあい 2階
糸島市志摩初1番地

【展示・紹介、試食・販売】
糸島めんま関連商品
糸島竹関連商品
（竹の子・竹パウダー・竹ぬか床・竹炭・竹細工など）

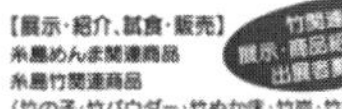

竹関連の
展示・商品紹介、販売
出展者募集中

糸島コミュニティ事業研究会では平成28年度糸島市市民提案型まちづくり支援事業「糸島めんまのブランド化と竹林整備」と題し、放置竹林を整備しながら良質の竹の子を採取し純国産のめんまを作ろうと提案しました。7月より3回にわたり専門の講師を迎え、竹林整備の基礎から収穫までの勉強会やめんまの商品化を目指して活動してまいりました。

この1年間のまとめの報告会を開催いたしますのでお誘い合わせてお越しください。

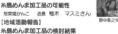

【特別講演】
竹林整備のまとめ
竹林利活用アドバイザー　野中　重之先生
糸島めんま加工品の可能性
惣菜畑がんこ　店長　柚木　マスミさん

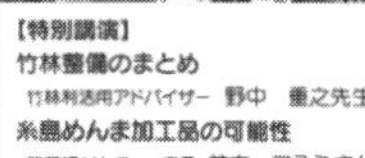

野中重之先生

【地域活動報告】
糸島めんま加工品の検討結果
グリーンコープいとしま店 コミュニティカフェ&デリ こととこと　小柳　麻紀さん
竹林整備事業報告と今後の取り進め
糸島コミュニティ事業研究会　吉村　正輔
めんま事業報告と今後の取り進め
糸島コミュニティ事業研究会　日髙　榮治

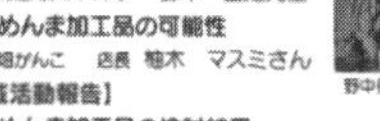

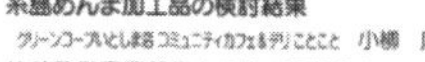

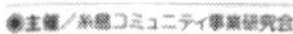

●主催／糸島コミュニティ事業研究会
●共催／糸島市
●後援／西日本新聞社・いとしま応援プラザ・糸島くるくるマーケット実行委員会・NPO NAP 福岡センター・グリーンコープいとしま店

お問い合わせ
アプレ有限会社内（糸島めんまブランド化担当：日髙榮治）〒819-1334 糸島市志摩岐志1513-4 ☎090-1178-1237
吉村デザイン工房内（竹林整備担当：吉村正輔）〒819-1323 糸島市志摩小金丸405-2 ☎090-1979-9882

◆平成２８年度糸島市市民提案型まちづくり支援事業

「糸島メンマのブランド化と竹林整備」

事　業　報　告　書

1　団体名	糸島コミュニティ事業研究会
2　事業名	糸島メンマのブランド化と竹林整備
3　実施期間	平成２８年６月～平成２９年３月３１日
4　事業実績（日程・人数等）	１．事業の取り進めは先ず、毎月開催の公開セミナーでの竹林整備勉強会とめんま作りが出来る体制作りを行った。後半はめんま加工品と惣菜作りについて学習した。 ２．１年間のセミナー、ネットワーク交流により、本年４月からの幼竹採取、茹で、塩漬け（発酵、未発酵品）、味付けめんま等の体制が出来、具体的に実行する。 ＜詳細は別紙参照１＞
5　事業の成果（事業計画時に期待されていた効果に対する成果）	※この事業を実施し、得られたものは何ですか。 １．糸島めんまの本格的製造販売が今春より開始されるに至った。 ２．「美竹林ネットワーク」と「糸島めんま美食ネットワーク」について一応の体制ができた（本格生産に入る本年以降充実していく必要がある）。又、本事業結果を「冊子」に纏めたので、今後検討される人達の参考にして頂きたい。＜別紙参照２＞ ３．「糸島めんまのブランド化」については何年かかかるものだと考えるが「糸島めんま」の名前、全国の先頭を切っていること、「糸島方式・・」との呼ばれ方をしていることからある意味「ブランド化」が出来たと考える。今後、本年度開始の具体的な展開で「実」を得たい。
6　事業実施における課題等	１．地域づくり、NPO・ボランティア関係の人達は相当に集まり動き始めるが、今後JA等を加え、糸島全市での立ち上りに努力したい。 ２．本格事業化には資金、規模の拡大に対応する必要が有り、今年より来年、再来年と確実な事業展開をしたい。

7　今後の展開	1．今年事業化開始し、4月から幼竹採取、塩漬け開始、6月頃から「糸島めんま」の塩漬けや味付けめんまが販売開始されます。 2．竹林整備については、今年の収穫結果を参考に、来年の良質の幼竹つくりの為の竹林整備が行われる。 3．竹林整備・幼竹採取はある程度集まり、加工品・料理も受け皿が多いが所謂めんま屋（発酵有無塩漬け）が不足気味と言え、充実が必要である。（1年分の幼竹購入資金要、販売先の確保要） 4．竹林整備は全国的課題であり、糸島で確立し、今後福岡県、九州、全国に「糸島方式のめんま作り」で竹林整備！を広げたい。

◆平成28年度糸島市市民提案型まちづくり支援事業「糸島メンマのブランド化と竹林整備」報告冊子作成

平成28年度糸島市市民提案型まちづくり支援事業「糸島メンマのブランド化と竹林整備」の1年間の結果報告を「糸島めんまと竹林整備サミット2015」を含め冊子として纏めた。

平成28年度糸島市市民提案型まちづくり事業

糸島めんまのブランド化と竹林整備

～「おいしく食べて竹林整備」事業報告～

糸島コミュニティ事業研究会

【もくじ】

1. CB（コミュニティビジネス）とは

地域(コミュニティ)等におけるニーズや課題に対応するための事業がコミュニティビジネスである。主に地域における人材、ノウハウ、施設、資金等を活用することで、対象となるコミュニティを活性化し、雇用を創出したり、人の生き甲斐(居場所)などをつくり出すことが主な目的や役割となる場合が多い。さらに、コミュニティビジネスの活動によって、行政コストが削減されることも期待されている。

コミュニティビジネスは、近年、全国的に広がっており、その経営主体は株式会社、NPO法人、協同組合などさまざまな形態がある。

最近のコミュニティビジネスの社会的な機能として、

1. 行政の民営パートナー・協働パートナーの育成と行政コストの削減
2. シニア、主婦、学生等による社会起業家の輩出
3. NPOや市民活動の自立化と継続性
4. 地域経済活性化、地域の特性を活かしたまちづくり、地域おこしなどが期待されている。

(ja.wikipedia)

コミュニティビジネスは、地域資源を活かしながら地域課題の解決を「ビジネス」の手法で取り組むものであり、地域の人材やノウハウ、施設、資金を活用することにより、地域における新たな創業や雇用の創出、働きがい、生きがいを生み出し、地域コミュニティの活性化に寄与するものと期待されています。

(経済産業省)

2. 糸島コミュニティ事業研究会とは

【目的】

糸島での「コミュニティビジネス(CB:地域の課題を地域の人達が主体となって、地域資源、ビジネス手法等を活用して解決していく事業)」を啓蒙、実践、支援を行う目的で平成21年4月に設立し活動を行っています。特に積極的な地域課題の掘り起こしと、豊富な地域資源の有効活用が必要と考えています。

平成19年～21年度の福岡県と協働したCBセミナー(NPO NAP福岡センター)と糸島における多くの実戦経験などを基に糸島の地域課題の掘り起こしとCBによる解決を並走的に支援致します。

設立以来、毎月の「定例会議研究会」と研究結果(現在50テーマ)を地域に公表還元する「地域交流会(年1回程度開催)を行っています。研究会が検討したテーマと結果は、地域の共有財産としてデータを蓄積しており、誰でも使用可能としています。

単なる利益目的の1事業にとどまらず、地域全体にメリットをもたらす活動とすることが必要だと考えます。

CBの効果

○地域課題が解決する	○新しいシステムの構築
○地域経済の活性化	○社会的＆経済的相乗効果
○雇用機会の増加	○ネットワーク構築
○生き甲斐の創出	○行政のパートナー(協働)

3. 糸島市市民提案型まちづくり支援事業

糸島市では、地域における様々な問題や課題に対し、市民団体の専門性、迅速性を生かして地域の活性化や課題解決を図ることを目的として、企画部地域振興課が市民提案型まちづくり事業を行っています。

毎年、提案事業のうち審査の結果、約10団体前後の市民団体やボランティアグループの取り組みに助成をしており様々な事業がとり進められています。

糸島コミュニティ事業研究会では、「地域課題を地域の人達が主体となって地域資源をビジネス手法で活用して解決を図る＝ＣＢ」を推進しており、活動の趣旨に合致していることから平成24年度より参画しています。

本来、補助金、助成金に頼らない活動を行っていますが、特に事業化の立ち上がりの起爆剤として、また市との協働の重要性、メリット等から、１テーマ１年限りでの検討をおこなう覚悟で応募しました。

平成24年度は、竹林整備と竹パウダーの有効利用「糸島竹糠床のブランド化」を提案し、アンケート実施、セミナー等の実施の上、平成25年3月に「糸島魔法の竹ぬか床」として販売開始し、順調に推移しています。

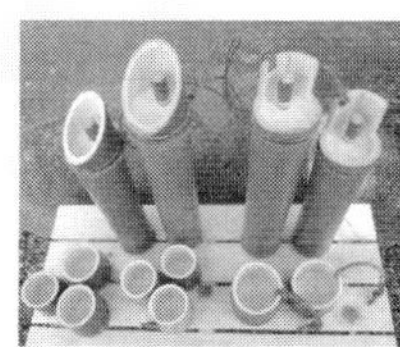

平成25年度は、糸島の豊富な農林水産品と糸島の人、文化等を活用し糸島が更に元気になればとの思いで「地域資源を活用した名産品創りのシステム化」を提案、10品目の名産品作成を具体的に推進しました。

平成26年度は、なかなか進まない竹林整備を進めるため「竹の市開設～竹の需要開拓による竹林整備」で青竹、枯れ竹等幅広い竹材の需要開拓を検討し、

①新耕作地化
②竹パウダー、チップ
③竹炭
④国産メンマ
⑤美竹林と美食観光 の５事業を提案しました。

特にメンマ事業は、竹林整備の新たな策として、また国産化、新食材開発としても有用です。

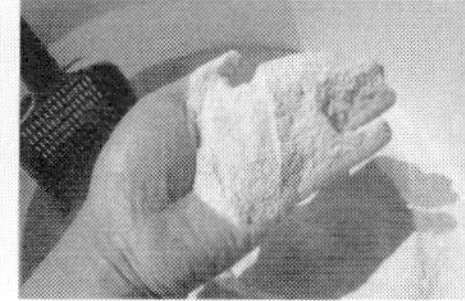

2

4. 糸島の地域課題と地域資源

【地域課題】

地域が誇る農林水産加工品、
及びサービス等名産つくり、
子育て支援、子どもの遊び場、環境保護改善、
世代間交流、障害者支援、安心安全な町づくり、
生き甲斐つくり、住みやすい地域作り、
農村・漁村の活性化、雇用の確保、地域貢献、
協働の体制つくり、少子高齢化対策、
住民の力（NPO、ボランティア、CB)が
発揮できる環境作り、
交通問題（コミュニティバス、通学、通勤対策）
商店街活性化（糸島の中心地活性化）
超高齢化対策（独居老人、生き甲斐ある生活支援）
旧新市民の交流強化（住みたくなる、住んで良かった町づくり）
ソーシャルビジネス（コミュニティビジネス）の環境作り
「糸島プライド」「糸島ブランド」の確立
糸島の良い所継承（発掘）

【地域資源】

自然資源のほか、糸島に存在する特徴的なものを資源として活用可能なものとして捉え(空間、人的・地域文化的な資源をも含む)有機的に組み込んでいく。

文化・歴史	施設・空間	自然・観光	農漁林産	その他
伊都国遺産 古墳群、鏡 新糸島市 地域文化継承 祭り 糸島気質 自立、共助の心 風習・習慣	あき施設 学校 公民館 市施設 民間空家 産直店 伊都菜彩 志摩の四季 その他糸島の空間	自然豊富 雷山井原山二丈山系 白糸の滝 芥屋の大門 可也山 弊の浜 姉子の浜 糸島の海山風景	豊富な農林水産 農産物：赤米、みかん イチゴ、野菜全般 海産物：鯛、牡蠣、 甲イカ、アカモク コノシロ、魚介全般 林産物：タケノコ、 山菜、不要の農林 水産品	人：高齢者、主婦、団体 個人、各経験者 ビジネス手法： 経営手法、持続化 伝統食、消えた名産品 ネットワーク(人脈) 休耕田、荒れた山、竹林 絶滅危惧文化

3

平成28年度糸島市市民提案型まちづくり支援事業

糸島めんまのブランド化と竹林整備

1. 経緯と事業計画

平成24年度は「糸島竹ぬか床のブランド化」、平成26年度は「竹の市～竹の需要開拓による竹林整備」を検討した結果、竹の需要開拓の中で最も効果が期待できる策として、メンマの国産化による竹林整備(今は有効に活用されていないメンマタケノコでメンマの国産化を行い、竹となるのを防ぐ新たな策)を進める事と致しました。

【事業計画】

1. 糸島めんま事業の両輪である「竹林整備とメンマの加工」を並行的に進めその相乗効果を狙う。
2. 毎月の公開講座を行い、特に「良質のメンマタケノコ」を採取するための竹林整備講座を行う。
3. 竹林整備では「美竹林ネットワーク」、メンマ作りでは「糸島めんま美食ネットワーク」作りを目的に連携を行える体制を作る。
4. 事業結果報告のまとめは、冊子を制作し 2月の報告会で配布する。

■講座日程（計画）

日　時	内　容
7月21日(木) 13:30～16:00	良質タケノコを採取するための竹林整備講座①(竹林整備の基礎知識)
8月25日(木) 13:30～16:00	糸島めんま加工品開発講座(めんまの美味加工品を創成するために)
9月29日(木) 13:30～16:00	良質タケノコを採取するための竹林整備講座②(竹の伐採と施肥)
10月20日(木) 13:30～16:00	糸島めんまで美味しい食開発フォーラム(加工品、料理開発のポイント)
11月17日(木) 13:30～16:00	良質タケノコを採取するための竹林整備講座③(来年のタケノコ採取の準備)
12月22日(木) 13:30～16:00	糸島めんまで美味しい食開発(糸島めんま加工品協力店作り)
1月19日(木) 13:30～16:00	糸島めんま販売セミナー(表示等について)
2月16日(木) 13:00～17:00	「糸島めんまサミット」基調講演、報告会と総決起大会(事業報告と取り決め)

4

2. 竹林整備

（竹林整備担当：吉村正暢）

仲間たちと活動をはじめて1年目、竹の需要開発として竹製品をいくつも試作しましたが売り物にならず、会議の中でタケノコを食べれば放置竹林が減るのではないか！という意見があり、「タケノコ」で加工品を作ることになりました。

2年目は加工品を「メンマ」に絞り込みました。日本で食べられるメンマは外国からの輸入品で、国産のタケノコを使ったメンマはほとんど作られていないことが判明。糸島産のタケノコを使った加工品を「糸島めんま」という愛称をつけて試作に入りました。しかしながら、メンマを作るといってもいろんな方法があるようで塩加減・発酵・乾燥など、失敗の連続でした。

3年目は「竹林整備」をしながら良質のタケノコを採取し「糸島めんま」を作ろうと計画しましたが、どのように整備すればよいかわからないため福岡県森林組合連合会に相談したところ、福岡県八女郡広川町の竹林利活用アドバイザー野中重之先生をご紹介いただきました。

野中重之先生には竹林整備の基礎から収穫まで3回の勉強会を行っていただきましたが、写真で見るもの、話を聞くことすべてが今までの竹林整備をくつがえすようなものでした。実際に先生の竹林を視察に行きしましたが素晴らしいものでした。勉強会で話を聞いたあとに現地に行ってみるとよく理解できました。

これからも機会があればお話を聞かせていただき糸島の竹林整備に活かせたらと思います。

講座・基調講演

日　時	内　容
7月21日(木) 13:30～16:00	良質タケノコを採取するための竹林整備講座①（竹林整備の基礎知識）
9月29日(木) 13:30～16:00	良質タケノコを採取するための竹林整備講座②（竹の伐採と施肥）
11月17日(木) 13:30～16:00	良質タケノコを採取するための竹林整備講座③（来年のタケノコ採取の準備）
2月16日(木) 13:30～16:00	糸島めんまと竹林整備サミット「基調講演」

野中重之氏（のなかしげゆき）

昭和16年福岡県八女郡生まれ、東京農業大学卒業後、福岡県甘木農林事務所、福岡県林業試験場、福岡県森林林業技術センター等に勤務後平成14年退職。

竹薮では厄介物、整備すれば宝の山!を目指して里山の復活のために現在は、竹林利活用アドバイザーとして長年の竹に関する研究を活かして竹林整備やタケノコ生産等の指導に全国を飛び回りながら「タケノコ：東京農文協」発行。

その他、福岡県指導林家、福岡県特用林産振興会顧問、社団法人林業薬剤協会技術顧問、財団法人くまもとテクノ産業財団専門家、熊本県和水町雇用創造協議会講師、大分県竹林楽校講師、DASH村の竹林整備講師などとしても活躍され、全国から注目を集めている。

5

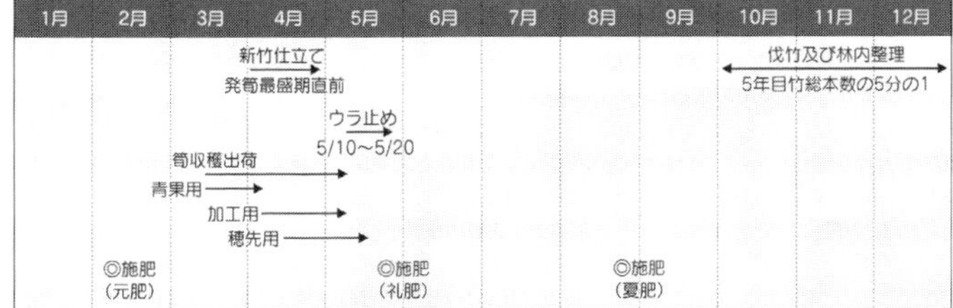

10〜2月の竹林管理

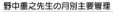

【伐竹】
目　的：活力のある竹林の維持
竹　齢：5年目竹（数え年）
本　数：総本数の1/5　新竹本数と同本数
時　期：10〜12月
方　法：切株低く・割、傾斜上方へ倒す

【落葉集積】
目　的：高価格時のタケノコ出荷（探し→容易）
方　法：親竹根元・等高線沿いに集積
時　期：節分過ぎて
その他：収穫時に埋戻し

【施肥は親竹管理に次ぐ重要な管理】
竹藪での収量（10a）は20〜50kg
理想的な親竹管理しても200〜300kg
元肥散布
「目的」→肥大・発生促進
「種類」→低温で肥効（速効性・硝酸態系）
「施肥量」→成分で約7kg/10a
　　1000kg目標
「時期」→2月上中旬
「方法」→全面バラマキ

竹齢の見方

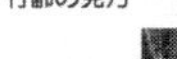

竹藪

竹藪

竹林

タケノコ畑

野中重之先生の美竹林

農林大臣賞　江口正道さんの美竹林

6

3～5月の竹林管理

①収穫（3～5月）
②新竹仕立て（4月上中旬）
③穂先タケノコ収穫（4月下～5中旬）
④ウラ止め（5月中下旬）
⑤収穫後の不要新竹の整理
⑥礼肥（5月中下旬）

【収穫】
掘れば掘るほど発生
◉早期から徹底した地割れ掘り
◉掘取るほど発筍を増す
◉結果→◎早出し ◎高品質 ◎多収穫

地面の中から掘り出したタケノコ

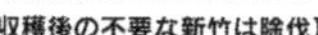

【新竹仕立て】
◉いつ頃のタケノコを仕立てるか
　発筍最盛期の7～10日前
◉適正な大きさのものを8～10cmの竹になるもの
◉何本残せばよいか200本仕立てでは40本
◉どこに残すか→空間・伐竹予定近く

新仕立て時期適期（発筍最盛期前）
◎活力が高い　◎多発筍期で選択し易い
◎支持根充実で台風被害受けにくい

不適期（最盛期過ぎ）
◎根が深過ぎて発筍遅れる　◎台風被害受けやすい

【林内整理を兼ねて穂先タケノコ生産】
収穫後のタケノコを放置すると
◎高密度林に
◎翌年の発筍減少
◎竹になって切れば労力数百倍
有効利用すれば新たな竹林収入

穂先タケノコの収穫

【ウラ止め時期と方法】
◉中小形タケノコ増
　刺激で芽子が増え、大形から
　中小形となる
◉伐竹作業の軽減
　枝段数少ないため、倒しやすく、
　後処理軽減
◉台風害の軽減
　先端揺れ少ないので、折れ・倒れ少なくなる

竹の先端を揺さぶり落とす

【収穫後の不要な新竹は除伐】
収穫後も林立するタケノコを放置すると竹藪へ逆戻り
新竹以外の不要新竹を除去。早めの作業は省力につながる

【礼肥の散布】
礼肥のポイント
「目的」◎新竹成長　◎葉替わり　◎地下茎伸長開始
「種類」チッソ多く長期肥効
「施肥量」約50kg/10a

8～9月の竹林管理

①竹齢記号の表示
②夏肥料の散布
③散水

【竹齢を正確に知る】
メリット
◎誤伐防止 ◎新竹仕立て・伐竹目安
◎竹齢構成

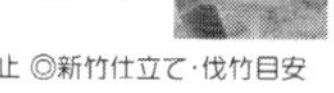

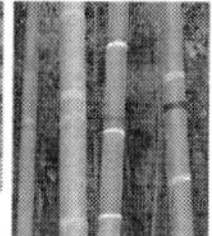

竹齢記号

【夏肥料と散水】
目的→ 芽子形成の増加
肥料種類と施肥量→礼肥と同じ緩効性肥料 約50kg/10a
散水→約20mm/㎡を月2～3回、夕方から夜間

大都市近郊の竹林有効利用に期待！

タケノコは無農薬で生産できる最も安心安全な食品であり、更に春の訪れを告げる季節食品の代表で、その上、三大栄養素を豊富に含み現代病予防に欠かせないミネラル成分にも恵まれています。

タケノコ栽培は親竹管理・施肥管理・収穫管理が主な作業で消毒や剪定が不要で、ノコ・ナタ・クワ等の簡易な道具と肥料があればタケノコ収入を得られるため収益性の高いのが特徴と言えます。

とは言えタケノコは収穫後の品質低下が早い欠点を大都市近郊の糸島ではより新鮮なタケノコを朝掘りタケノコとして提供できる好条件を備えていると同時に価格下落時にはめんま等加工品の生産が期待されています。

また、年齢・体力等で自分で管理できない場合には竹林を貸し出すオーナー制度、来客に収穫してもらうタケノコ観光園としての竹林利用も大都市近郊竹林の大きな特徴です。

竹林の多くは里山に分布しており、裏山の竹林を整備することで春の収入源となり、結果的には里山の環境保全に貢献できるので一人でも多くの生産者が増える事を期待しております。

竹林利活用アドバイザー　**野　中　重　之**

糸島での竹林整備

糸島地域では農業のかたわらタケノコを生産されている方や竹林を所有する個人の方もシーズンになると直売所などにたくさん出荷されます。

また、タケノコを使っていろんな加工品を製造販売されている方もおられますが、伐竹や施肥をしながらタケノコを生産している方はどれくらいでおられるでしょうか。

タケノコは主に肉厚の孟宗竹が多いですが、真竹や淡竹も美味しくいただけます。シーズンを過ぎて食べるには塩漬や乾燥、味付けなどの加工品になります。

タケノコがお金にならない時代になったとは思えません。福岡の八女や合馬では高品質なタケノコの生産に力を入れています。糸島地区でも頑張ればできるはずです。

この3年間、独学で竹林整備を行いましたがうまくいきませんでした。今回の勉強会でたくさんのことを学びました。売れるタケノコを生産するには竹藪を竹林に！そしてタケノコ畑にすることですが、そう簡単なことではありません。

美竹林になるには最低5年かかると言われています。糸島でタケノコの仲間を集い、良質のタケノコで加工品(愛称:糸島めんま)が糸島ブランドになれたらと思います。

平成29年度からの月別管理予定(孟宗竹・真竹) (糸島めんま・竹パウダー用)

1月	2月	3月	4月	5月	6月	7月	8月	9月	10月	11月	12月
← 伐竹及び林内整理(全伐竹林) →											
→									(管理竹林整理)→ 1月まで		
			新竹仕立て →	ウラ止め →							
			竹パウダー製造(乾燥) →		※1日で乾燥できる天候時のみ製造 →						
			筍収穫 →			加工用・穂先用 塩漬・乾燥作業など →					
		加工用 →									
糸島めんま出荷 →		穂先用 →				糸島めんま出荷 →					
	◎施肥予定 (元肥)				◎施肥予定 (礼肥)		◎施肥予定 (夏肥)				

※この管理表は糸島で活動している個人のスケジュールをもとに制作しました。

重機で片付け

作業道作り

作業道具

8

3. メンマタケノコ(幼竹)の採取

(めんま担当：日高榮治)

【採取方法】

①基本的には、高さ 1m程度の幼竹を伐採(ノコまたはカマ等)する。
(2～4mの穂先0.8mも可能)

②採取した幼竹は丁寧に扱い、早めにゆでる。

③ゆで設備、塩漬けの効率を考え30～40cmにカットする。

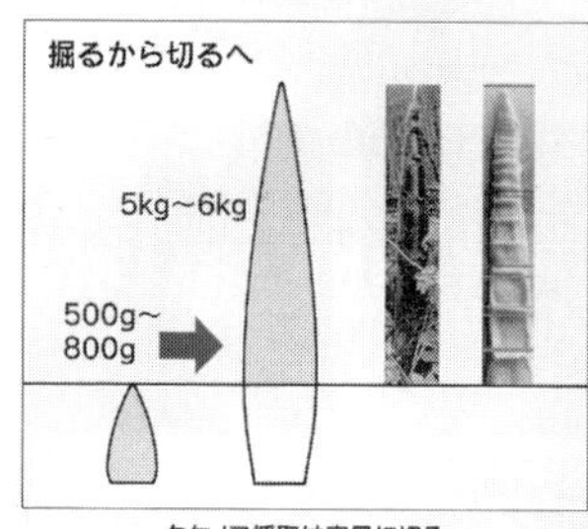

タケノコ採取は容易に切る

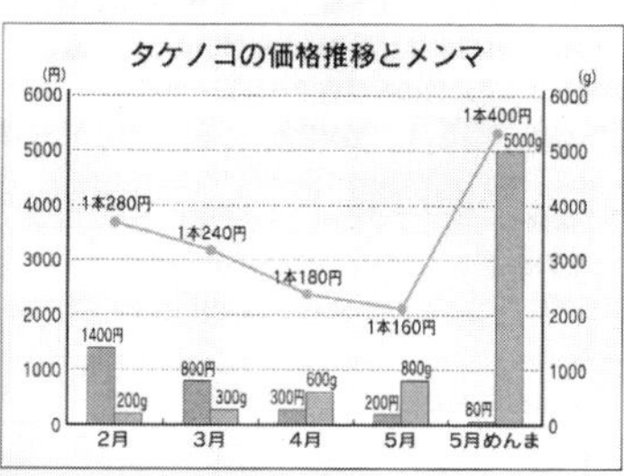

大きくして採取(5,000～6,000g)

4. メンマタケノコのゆで

【茹で方法】

①タケノコと同じ要領で約１時間程ゆでて柔らかにする。

②灰汁抜きは米ぬか、重曹等で行う。(採れ立ての場合は水のみで行われている)

③ゆで時間は、部位等の条件で異なるが「柔らかくなる事」が必要。

穂先タケノコ　ゆで　ゆで上がり

9

5. 加工（1） 塩漬け（発酵有無）

【方法はいろいろ】

①ゆでた後、湯を切り、ゆで幼竹の30%の塩（発酵させないで、長期保存）で漬ける。
漬物容器に、厚手のポリ袋を敷き、先ず塩を敷いた上にゆで幼竹に塩をまぶしながら、きっちり詰めていく。
（塩はゆで幼竹外側を下にして、上から塩を入れる）

②一杯につめた後、上を輪ゴム、樹脂ひも等で縛る。
（特に、外の水などが中に入らないようにする）

③重石はゆで幼竹の同量程度を目安とする。

④基本は30%塩漬け（発酵無し）とするが発酵を好む場合は10%塩漬け（乳酸発酵）。
更に1ヶ月後再仕込み（30%漬け直し）等を行う。
その他、用途により発酵の方法の他、乾燥・冷蔵・冷凍や物理的（叩く、伸す）工程を加え、用途の拡大も可能である。

⑤販売に当たっては、〔塩漬け〕〔塩抜き〕〔乾燥〕〔カット〕等使い易く対応する。

糸島めんま加工例

		（1ヶ月）	（〜1年）		
発酵塩漬け	ゆで	4%〜10%塩漬け	30%再仕込み	糸島発酵めんま	味付加工
高濃度塩漬け再仕込	ゆで	30%塩漬け	30%再仕込み	糸島めんま	
基本（高濃度塩漬け）	ゆで	30%塩漬け		糸島めんま	
その他	発酵・物理的加工・乾燥など			糸島めんま	

6. 加工（2） 加工品の可能性

【可能性について】

①国産メンマの目的は、和洋中食への活用を目的としており〔味付けメンマ〕の他、〔常備菜（佃煮他）〕等への幅広い応用が考えられる。

②一般的にラーメンに使われているのは中国産メンマがほとんどであり、これを安心安全の国産化するのも目的の一つである。

③一方、日本にはタケノコ文化があり、春の風物詩として、木の芽和え等好まれる。また、正月等は缶詰のリパック品や塩漬け等したタケノコを塩抜きして、〔水煮〕等として販売される。

④高濃度塩漬け品は安定性は高く、いろんな活用が可能である。

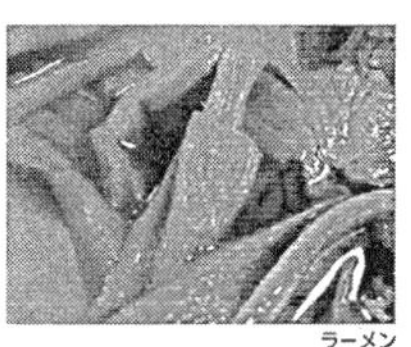
ラーメン

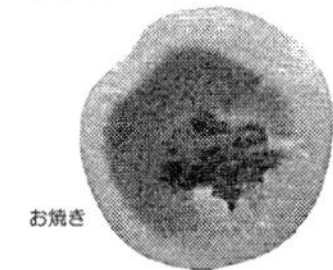
お焼き

煮物

10

7. 加工（3）調理の可能性

【可能性は大きい】

①旧来の輸入メンマやタケノコで使われる料理の他、国産メンマの特性を活用し、新たな料理への活用が有望です。

②現在考えられる分野は、味付けメンマ、キムチ·漬物、煮物、和洋中華食、佃煮、揚げ物（かき揚げ）、サラダ、スープ、ご飯・寿司、珍味系・つまみ、メンマ加工品（保存·汎用）等であり、あらゆる分野での検討が望まれます。

11

8. 事業結果総括

①竹林整備、糸島めんま作りを併行して行い予定のセミナー、講演会を実施しました。

②竹林整備は前述の通り、福岡県八女郡在住の竹林活用アドバイザーの野中重之先生による4回(7月·9月·11月·2月)にわたる公開セミナーや福岡地区林業推進協議会・糸島市共催のタケノコ最材・加工研修会(H28年10月)、地域の竹林整備講習会等に参加しました。

③糸島めんま作成については、6月(事業説明)、8月(糸島めんま概要)、10月講演会(10月20日·飯塚市の長野路代さん)、12月(糸島めんま加工品作り)、1月講演会(1月19日·福岡県糸島保健福祉事務所課長)を開催多くの方々の参加を得、糸島めんま作りに役立てました。

④この事業をより協力に継続して進めるため、竹林整備での「美竹林ネットワーク」、糸島めんま作りの「糸島めんま美食ネットワーク」を構築中です。
「美竹林ネットワーク」では、参加の地域団体、タケノコ生産者を主体に、新たなタケノコ農家等の参加を募りながら進めたいと思います。
「糸島めんま美食ネットワーク」も、タケノコ生産者、加工業者、飲食店などの参加が有りますが、更に地域の参加者を募りながら進めたいと思います。

⑤この事業は平成29年3月に終了しますが、「糸島めんま」事業は今から始まるものであり今後数年かかると考えられますが、それなりの「目処」はついたと思います。

9. 今後のとり進め

メンマ作りに活用する幼竹(メンマ用タケノコ)は、現在「価値ゼロ」とされ殆ど活用されていないもので、放置すると竹になる厄介千万なものであり、これを活用し、新しい食材(国産メンマ)とする事を目的とします。

メンマ作りは、全国的な課題である里山荒廃、放置竹林の解決策の一つとして提案し、種々検討した結果、ここに一応の目処をつけました。

しかしながら、竹林整備、国産メンマの製造技術確立、販売体制の確立等は、5年、10年と継続的な取り組みが必要であり、効果的に且つ確実に進める必要があります。

今後の、竹林整備、国産メンマ作り推進のため、下記課題の解決が必要です。

1.「竹林整備」の推進

（1）「美竹林ネットワーク」の充実

①良質の幼竹(メンマ用タケノコ)育成策確立

②地域一丸となる体制作り

（2）放置竹林の整備推進

①竹林整備のデーター共有とマニュアル化

②放置竹林の地主、整備団体・個人のマッチングと整備推進

③初期整備の解決策検討

2.「国産メンマ作り」の推進

（1）「糸島めんま美食ネットワーク」の充実

（2）地域各団体相互の連携強化

（2）幼竹(メンマ用タケノコ)採取法と用途開発

（3）加工品創造

（4）和洋中食のレシピ開発

（5）地域コミュニティの活性化（高齢者生き甲斐づくり他）

3. 販売体制の確立

（1）地域を代表する商品への育成

（2）規模拡大に対する対応

（3）ブランド化（糸島めんま⇒福岡、全国、海外へ）

4. 組織的な行動

（1）市・県、産学、団体との連携

（2）その他多くの方々の参画と連携

〔編集〕
糸島コミュニティ事業研究会
アプレ有限会社内（めんま担当:日高榮治） 〒819-1334 糸島市志摩岐志1513-4 090-1178-1237
吉村デザイン工房内（竹林整備担当:吉村正暢） 〒819-1323 糸島市志摩小金丸405-2 090-1979-9882
この冊子は糸島市市民提案型支援事業の補助金で製作しました H29.2.16

itoshima

地域の元気は、あなたの一歩から

純国産糸島めんまの組成・価格

純国産糸島めんま appre 竹わらべ　販売品目の <組成>

品目		組成		価格
塩漬け 穂先 中央 元部 短冊 MIX		タケノコ 塩	100 30	￥380／300g
醤油漬け		漬け原材料 天然醸造醤油 キビ糖 米酢 酒 昆布 水	 250 100 50 50 10 250	￥324／100g ￥620／200g ￥903／300g 竹皮包 ￥690／200g 山椒味 ￥360／100g
甘酢漬け		漬け原材料 米酢 キビ糖 酒 昆布 唐辛子 水	 250 250 50 10 5 250	￥324／100g 柚子味 ￥360／100g

5．新聞及び雑誌等掲載、トピックス等

沢山のテレビ番組や新聞、雑誌等に取り上げて頂きました。面白い番組、記事を掲載できれば、厚みがでたり、楽しくなると考えましたが、著作権や肖像権等を考えると特にTVの画面の掲載は難しいと判断し控えました。新聞は許可を得れば可能だとお聞きしましたが、費用がかかり、一部のものと致します。

（1）２０１６年7月　ヘルシスト２３８
ニッポンうまいもの発掘！
新食材紀行第２２回福岡県糸島市
竹害対策にも一役の国産メンマ

（2）２０１７年3月5日　糸島新聞

（3）２０１７年１１月
文春新書「日本のすごい食材」川崎貴一著
一度は食べたい　世界に誇る逸品がここにある！

天然うまみ成分たっぷりの　純国産メンマ（福岡県）

（4）西日本新聞　２０１６年2月２２日

（5）糸島新聞　２０１８年3月2日

（6）読売新聞　２０１８年3月9日

（7）第59回全国竹の大会熊本県大会　２０１８年１１月１４日

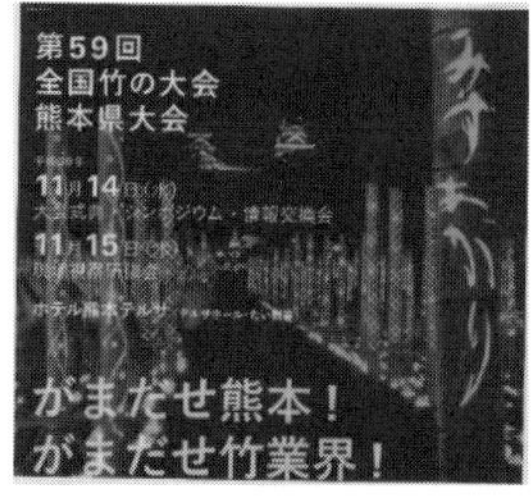

（8）林政ニュース　２０１８年１２月１８日

（9）糸島新聞　２０１８年1月1日

糸島発「メンマプロジェクト」全国へ

(10) ２０１８年1月２５日　第7回　竹イノベーション研究会

（福岡大学　佐藤研一代表）

4）第４回　勉強会

第７回 竹フォーラム

・日時：平成31年1月16日(木)　13：00 ～17：00

・場所：福岡大学　中央図書館　多目的ホール

・参加人数：92名（講師5名含む）

・内容

1．開会挨拶　研究会代表　佐藤研一

2．講演

① 竹と茶の湯

古賀宋公／茶道裏千家淡交会
福岡支部常任幹事 裏千家正教授

② 純国産メンマ作りで竹林整備

日高榮治／糸島コミュニティ事業研究会 主宰

③ 竹を活かしたエシカルなものづくり
～ 未来を創る竹タオルと竹洗剤 ～

田澤恵津子／エシカルバンブー株式会社 取締役社長

④「竹活用によるイノベーションリーダーを目指して」
SDGsへの貢献

入江康雄／株式会社炭化 代表取締役

⑤ 山口県における竹の収集運搬システム実証と竹資源情報の公開

山田隆信／山口県農林水産部林業企画班
プロジェクト推進グループ 主査

3．閉会挨拶　研究会代表　佐藤研一

第７回竹フォーラム（代表挨拶）

第７回竹フォーラム（日高榮治氏）

Contents

竹イノベーション研究会［竹の利活用技術 第二版］

純国産メンマ作りによる竹林整備

アプレ 有限会社

幼竹採取で新たな竹林整備を進め、加工品「メンマ」の国内生産化、
純国産メンマのブランディング・新食材の開発をおこなう。

技術の概要

● **何について何をする技術なのか**
幼竹を活用してメンマの国産化を行い、全国的な課題となっている荒廃竹林の整備を進める。

● **従来はどうのような技術で対応していたか**
従来の竹林整備は枯竹整理と青竹伐採が主であった。
幼竹は取り損ねたタケノコで硬くて食べられないと思われ、蹴倒されたり、叩き折られたりしていた。

● **特徴**
幼竹を適正な処理を加えることで美味しく食べられる。

● **適用範囲・用途**
1.5~2m(重量10kg)の幼竹を活用。

● **その他　製造方法・施工方法など**
基本処方：幼竹採取→皮剥ぎ・カット→茹で→塩漬け。
塩干し・塩抜き後、発酵等、用途により適宜対応。

新規性及び期待される効果

● **「タケノコ採るのも竹林整備」従来技術と比較して何を改善したのか**
今迄は日本のタケノコではメンマは出来ないと思われていたが、国産化を行ない、幅広い用途開発を行う。竹林整備も青竹伐採のみでなく、幼竹を伐採し、成長を抑える事で山全体の竹のコントロールが可能となり整備が大きく進展すると考える。

● **「純国産メンマ作りによる竹林整備」が進むことにより**
1. メンマの純国産化が進み、ラーメントッピング以外にも和洋食、加工品、家庭食の普及が進む。
2. 放置・荒廃竹林が整備され、タケノコ山、タケノコ畑(美竹林)となる。

● **その他**
1. 竹山の一体管理が可能となり(タケノコ採取＋幼竹採取＋親竹/青竹伐採)竹林整備が判りやすくなる。
2. 地域で幼竹の採取・加工をする事で、より付加価値を上げるのが特徴となり、皮付き幼竹60円/kgを加工する事で、塩漬け1,000円/kg　味付4,000円/kgとなる。

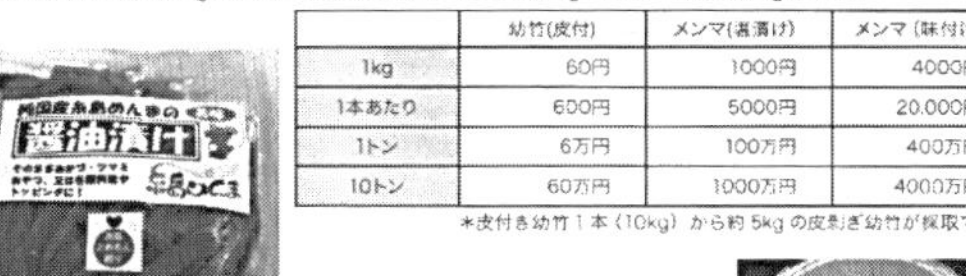

	幼竹(皮付)	メンマ(塩漬け)	メンマ(味付け)
1kg	60円	1000円	4000円
1本あたり	600円	5000円	20.000円
1トン	6万円	100万円	400万円
10トン	60万円	1000万円	4000万円

＊皮付き幼竹1本(10kg)から約5kgの皮剥ぎ幼竹が採取できる

商品

純国産糸島めんま

・塩漬け　300g　380円(税込)

・醤油漬け(山椒味・甘酢漬け柚子味)
100g　360円(税込)

実績

2018年 600kg　2019年5月11日現在 3トン

お問合せ

アプレ 有限会社
〒819-1334　福岡県糸島市志摩岐志1501-29
092-328-1677　ek-hitaka@vesta.ocn.ne.jp　https://www.facebook.com/itoshimaCB/

(11) シンポジウム「糸島で語る里山を活かした地域づくり」

２０１８年2月１７日　九州大学

（九州大学大学院工学研究院環境社会部門　清野聡子准教授）

シンポジウム　糸島で語る

里山を活かした地域づくり

～　先進地・岡山県真庭市の先導者をお招きして　～

開催日時／２０１８年2月１７日（土）13:00～16:30

会場／九州大学 伊都キャンパス

工学研究院附属循環センターCE40棟 2階 多目的セミナー室

13:00　開会挨拶・趣旨説明（清野聡子／九州大学）

糸島市長挨拶　月形祐二氏

13:10　基調講演（吉永忠洋氏／岡山県真庭市副市長）

「里山を活かした地域づくり」

14:15　質疑応答

14:45　パネルディスカッション

「里山の恵みを未来に受け継ぐために今出来ること」

16:30　閉会

純国産メンマ作りですすめる竹林整備

日　高　榮　治
アプレ有限会社　代表取締役
糸島コミュニティ事業研究会　主宰

キーワード：竹林整備、純国産メンマ、糸島めんま、幼竹採取

1. はじめに

平成２２年４月、地域の課題を地域の人達が主体となってビジネス手法を活用して解決していく事業を糸島で実践する為「糸島コミュニティ事業研究会」を設立。地域の課題の掘り起こしと事業化の支援を検討していたが、自ら事業化すべきとの事から、平成２４年度糸島市市民提案型まちづくり事業「糸島竹糠床のブランド化」等で種々のテーマに取り組んだ。

その結果、「糸島魔法の竹ぬか床」「たしぬか」「糸島テンペ」「糸島竹パウダー」その他特徴のある商品を開発した。特に「糸島魔法の竹ぬか床関連商品」は、旧来のぬか床の問題点（臭い、混ぜ、水抜き等が煩雑、直ぐ駄目にする）が改善され、若い主婦層にも認められ、初年度２５０万円の売上げ、その後も順調に推移している。竹の可能性は大きく、付加価値を付ける事で問題となっている竹林整備を進める事が可能である。

図：糸島魔法の竹ぬか床と竹ぬか漬け

2. 竹の需要開拓

竹ぬか床、竹パウダーの商品化により竹の付加価値ＵＰはしたものの、竹の需要は２～３トン／
年程度であり、更なる用途開拓が必要である。

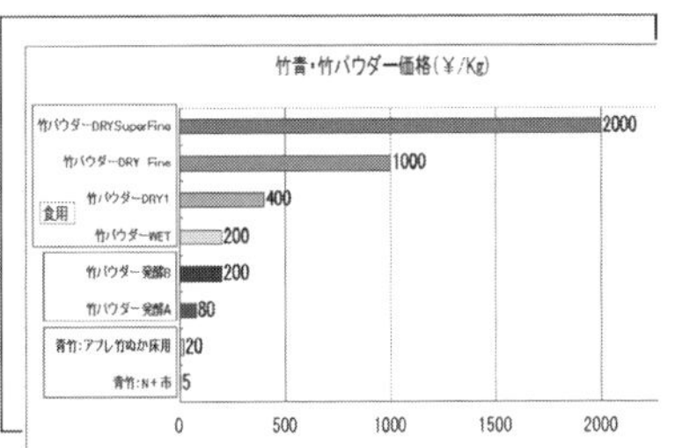

そこで、平成２６年度糸島市市民提案型まちづくり事業「竹の市一竹の需要開拓による竹林整備」で竹全般（青竹・晒し竹・枯れ竹・タケノコ・メンマ等）につき検討した結果、下記５項目を提案した。①放置竹林の耕作地化事業②チップ、パウダー事業③メンマ、乾燥竹の子事業④竹炭事業⑤竹林観光（美竹林散策、竹の子イベント竹の子・メンマ料理料理）（大規模設備投資不要の事業）

純国産メンマ事業は今迄食べられないと思われてきた幼竹を伐採活用する方法で、竹の発生を抑える今迄にない新しい策であり、良質の幼

３．純国産糸島めんま

既存のメンマは現在ほぼ１００％輸入（中国他）であり、ラーメン等に限定的に使われている。タケノコも国内需要２０万トンで国産品は１２％（3万トン）であり、共に国産化が望まれる。

我々の純国産メンマは、日本の竹（孟宗竹・真竹・ハチク）を使い（輸入メンマは麻竹）、日本の伝統的漬物、塩蔵の技術を活用した純国産のメンマであり、新しい食材として普及させたい。

図：純国産メンマの材料となる幼竹

【標準的製法】

１．幼竹採取：１．５－２mの幼竹採取

２．茹で：１００℃1時間（穂先は３０分）

３．塩漬け（①３０％塩漬け<未発酵>

②１０％塩漬け１ヶ月発酵後３０％再仕込

なお、用途目的で最適な処方を確立する。

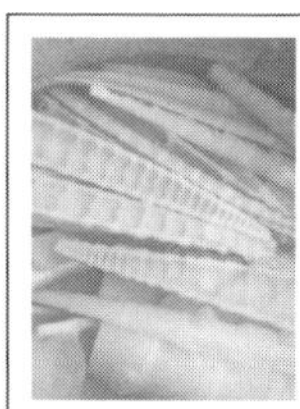

図：茹でと発酵・保存

４．純国産メンマの普及

旧来の輸入メンマはラーメン用が主体であるが、純国産メンマはラーメン、和洋食、加工品、一般家庭食への普及を目的に開発しており、現在味付けメンマ、お焼き、カレーパン、キッシュ、チマキ、醤油漬け等加工品が販売され始めた。

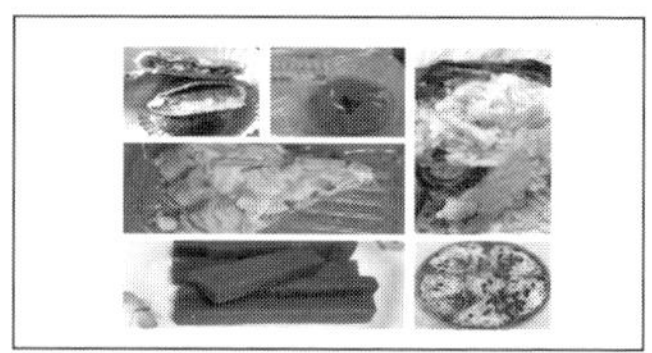

図：糸島めんま活用例

５．今後の取り進め

昨年１２月「純国産メンマプロジェクト」キックオフ会を開催（全国２２都府県より参加）し、考えを共有し本年から本格事業化を進める。この考え、製法等は全てオープンとしており、長野県飯田市、和歌山市、千葉県、広島県始め全国からの視察研修を受け入れ理解を深めた。特に、青竹を切るだけの竹林整備に新たな収入を得、再投資できる事等が特長である。今後、メンマが全国の家庭の食卓に並び、荒廃竹林が整備され、美竹林化が全国で勢いよく進む様、鋭意努力したい。

図：荒廃竹林を美竹林へ

(12) **読売新聞　２０１８年５月６日**

「森荒らす竹林「宝の山」に？

(13) **生物多様性アクション大賞「審査委員賞」受賞２０１８年１２月７日**

国連生物多様性の１０年日本委員会（ＵＮＤＢ－Ｊ）主催

東京ビッグサイト

糸島コミュニティ事業研究会

美味しく食べて竹林整備─純国産メンマ作りによる出るを抑える新たな竹林整備方法と新食材の開発

近年、人の手入れが行き届かず、竹の需要も低下し、放置竹林、荒廃竹林が増加し景観悪化の他、環境や災害の可能性等全国的な問題となっています。現在実施の竹林整備は青竹を伐採する事が主体ですが、放置竹林は未だ増加傾向です。今回 1.5～２ｍの竹になる直前の幼竹を伐採し竹の発生を抑える事で竹林整備を効果的に行い、又伐採した幼竹は略１００％中国等からの輸入のメンマの国産化を行います。日本の幼竹を使い、日本伝来の発酵、漬物の技術を活用した商品を作りまし。今後和洋食、加工品、一般家庭食等への新たな食材としての全国への普及を進めます。

(14) **朝日新聞　天声人語　２０１８年１２月２６日**

天声人語

ないと困るわけではないものの、どんぶりの隅にその姿が見えると何とはなしに安心感を覚えるラーメンの具メンマ。味も見た目も地味ながら、歯ごたえはほかの食材をもって代えがたい▼「ラーメンやチャーハン以外に活躍の場がないと思われがち。でも実はいろんな家庭料理に使えます」と福岡県糸島市の日高榮治さん(72)。化学大手に長く勤め、出身地で街おこしに励む起業家である▼国内のメンマ市場は長らく中国産と台湾産が占めてきた。日高さんらが着目したのは放置竹林だ。背丈1㍍ほどの幼竹をゆでて柔らかく加工する。「塩加減、発酵、干し方など関門が多く、失敗も重ねましたが、何とか軌道に乗りました」▼奮闘ぶりが報じられ、遠方の大学や自治体から視察が相次ぐ。昨年暮れ、京都市で開いた「純国産メンマプロジェクト」の初会合には、予想を上回る22都府県から官民の参加があったという▼取材先のあちこちで伸び放題、荒れ放題の竹林を見るようになって久しい。ザルやカゴ、住宅の壁材などの使い道が減ったためである。竹やぶはみるみる増殖し、周囲の畑や造成林をも荒廃させる▼さて今回、糸島で試食したのはメンマを使ったつみれ汁やハンバーグなど。コリコリした歯ざわり、楚々とした味わいが新鮮である。国産メンマが広く食されるようになれば、地元は活気を取り戻す。自治体を悩ませる竹害問題も解決するかもしれない。ラーメンの添え物にとどめておくのは、いかにももったいない。

2018・12・26

（15）糸島新聞　２０１９年1月１０日　（許可済）

糸　島　新　聞　2019年（平成31年）　1月10日　第6170号　©糸島新聞社

「『メンマで竹林整備』の流れ加速」

糸島６団体・個人、新たに開始

糸島コミュニティ事業研究会・主宰の日高さんに聞く

放置竹林を糸島の地域課題と捉え、２０１０年から竹パウダーの用途開発に着手した「糸島コミュニティ事業研究会」はその後、メンマ作りが最有力の解決手段とみて加工技術を研究。22都府県が参加し17年12月に発足した「純国産メンマプロジェクト」のけん引役を果たした。それから1年。同研究会を主宰し、同プロジェクト総代表も務める日高栄治さん（72）に、これからのメンマ作りと竹林整備の展望を聞いた。

■県内外から関心

―この1年、どんな動きが起きたか。

「糸島市内では、校区区長会や農業法人、企業など新たに6団体・個人が取り組み始めた。市内での指導には、（一部例外はあったが）無報酬で作り方を教えた。『メンマで竹林整備』の流れが加速する手応えがある」

―メンマ作りは竹林整備になっているのか。

「メンマは、地面から1・5～2㍍伸びた竹になる前の幼竹（ようちく）を切って使う。幼竹を切れば竹の増殖を抑えることに。地下茎のある竹は、切れば切るほど新しく出る性質がある。幼竹が必要なメンマ作りと青竹切りはセット。ただし、1、2年間ではなんとか増殖を抑えている状態。10年抑えれば竹林整備が目に見える形になると思う」

―市外、県外の反応はどうか。

「メンマ加工のセミナーや竹関係の講演、シンポジウムで、千葉、鳥取、島根、熊本などに行った。県内では竹の量が多くタケノコの缶詰工場もある八女地域から、メンマ加工に関心が寄せられている」

■標準レシピ提案へ

―何か課題はあるか。

「加工に際して他地区で二つの問題が見つかった。一つは雑菌の発生。皮をむいた幼竹の節を除いてカットし、30分～1時間ゆで、塩漬けして作るのだが、ゆでた後に冷ます時間をおき過ぎ、雑菌が発生するケースがあった。ゆで作業後、湯温が40度に下がったら塩漬けするよう、注意を促していく」

「もう一つは、メンマを買ったお客さんから『硬い』と指摘があった問題。幼竹の穂先は柔らかいが根元は硬い。硬い部分は味付けメンマにせず、お焼きや小籠包の具材に使うなど、硬さに応じた用途を考えるよう呼び掛ける。いずれの問題も解決した。全国統一の標準レシピを提案したい」

■受賞励みに

―昨年12月、「生物多様性アクション大賞」審査委員賞を受賞された。

「大賞が取れず残念だが、今後の期待が込められていると信じ、励みにしたい」

メンマ材料の幼竹の皮むき法などを指導する日高さん（手前）

日高栄治さん

全国的な賞を受賞した研究会

糸島新聞
1917（大正6）年 創刊
糸島新聞社
毎週木曜日発行
購読料 1カ月 900円（税込）
お申し込み・お問い合わせは下記へ
〒819-1119
電話 092（322）2220
FAX 092（324）5115
itoshin@blue.ocn.ne.jp
http://itoshima-np.co.jp/

（16）朝日新聞　２０１９年1月１６日

「メンマは竹林放置を救う」

（17）九州大学大学院工学研究院環境社会部門生態工学研究室

２０１９年1月２５日

（清野聡子准教授）

「純国産メンマ作りによる竹林整備」講義

（18）毎日新聞　２０１９年2月１８日

「メンマ作りで放置竹林整備」

(19) 未来農業創造研究会　大地の力コンペ「未来創造賞」受賞

２０１９年3月8日　東京フォーラム

(20) 現代農業　２０１９年4月号に掲載

竹やぶ減らしに、いまメンマが熱い！

とり遅れたタケノコで純国産メンマづくり

放置竹林がみるみるきれいに

（投稿原稿原紙）

１．自己紹介

平成１２年５３才で化学会社を早期退職するまで、精密化学品の技術サービス、医薬品の学術等に従事、退職後は会社時代と違ったことをするとの事からステンドグラス、オーダースーツ製造販売等をおこなったが、会社を福岡市から地元糸島に移した後、地域活動が主体となった。平成１９年にNPO法人NAP福岡センターを立ち上げ、同年度県との協同事業（地域課題の解決に向けた高齢者の能力活用事業）を３年間おこない。その後、地域のコミュニティ事業の啓蒙・支援をおこなう為、平成２

２年糸島コミュニティ事業研究会を設立。丁度この頃、地域の会社から竹パウダーの用途開発依頼があり、検討。行政との連携もしたいとの事から糸島市市民提案型まちづくり支援事業に「糸島竹糠床のブランド化」を応募し、「糸島魔法の竹ぬか床シリーズ（プレーン、もろみ味、無農薬、たしぬか、ぬか床フレーバー）」を、併せて竹ぬか床の材料として必要な食品用竹パウダーも開発した。

◆現代農業　もっと使える竹で糸島魔法の竹ぬか床掲載

糸島魔法の竹ぬか床は、竹の保水性の力で旧来のぬか床の底部に出来る臭みの原因となる「酪酸菌」ができ難いという特長を持ち、混ぜない、臭くない、水抜き不要で駄目にならない竹ぬか床として多くの方々に愛用頂いています。竹パウダー（食品規格)、竹ぬか床シリーズで竹の価値は少し上がったが、竹の需要としては約４トンで竹林整備を語れる量ではなく、更なる竹の付加価値向上の検討が必要と感じた。そこで、平成２６年度糸島市市民提案型まちづくり事業で「竹の市―竹の用途開拓による竹林整備」を検討（大資本大型設備の要らない事業）し，事業規模があり竹林整備に効果的な事業として　1．竹チップ、竹パウダー事業　2．竹炭事業　3．タケノコ、メンマ事業　4．美竹林を活用した観光等を提案し、この中で最も可能性が高く、未だ出来ていない「純国産メンマ」を進める事とした。

２．メンマつくりを始めたきっかけと目的

竹の伐採、竹パウダーつくり、青竹の購入をする中で、切っても切っても竹が減らない、青竹を伐採しても価値が無く山に積んで朽ちらせている状況を見聞きし何とかせねばと考えた。タケノコとして取り損なった幼竹は硬くて食べられないと思いこまれ、蹴倒したり、叩き折られている。尚、真竹、ハチクは地上に伸びた４０ｃｍ位のものを食され、孟宗竹も３～４ｍに伸びたものの先端４０ｃｎ位は「穂先タケノコ」として美味しく食べられている。孟宗竹でも地上にでたものでも食べれない事はないのでは？加工、料理によって美味しく食べられる筈である。“幼竹”こそが竹林整備の鍵！と判断。種々検討の結果、純国産メンマは１．５～２ｍの“幼竹”を美味しく食べれる事が判る。又、春に幼竹を（親竹を残し）全伐する事で竹になるのを防ぎ、秋～冬に青竹を伐採する事で効果的に整備が進む。青竹の伐採をすればするだけ翌春のタケノコの量質が向上する。特に荒廃竹林をタケノコ山にするためには、相当の初期整備が必要であるが、幼竹（メンマ竹）採取は数は少ないが荒廃竹林でも採取でき、年々整備をしながらタケノコ山、タケノコ畑（美竹林）に進化させていく事が出来る。このメンマ事業は荒廃竹林を美竹林にするのに好適で、荒廃・放置が進む竹林対策の鍵となる。現在のタケノコ生産者にとってもタケノコー幼竹と採取時期の延長で収穫があがる事に加え、幼竹は「切る」だけなので、アルバイト等でも問題なく採取ができる利点を持つ。タケノコの場合は、超早掘りは価値も高いが、最盛期は価格も下がり価値が大幅に下がるが、幼竹の場合１本当たり１０Kgあり、１本当たり価格は大幅にアップする。今回のメンマ事業で、タケノコ、幼竹、青竹の伐採を一体管理できる事となり、「タケノコ掘るの

も竹林整備」の考えが成り立つ。純国産メンマ事業は、“幼竹伐採”によりタケノコ、メンマを包括する新しい食材を提供すると共に、全国で問題となっている竹林整備が解決する、両面を共に解決する策である。
メンマの国産化は竹林整備サイドからは幼竹を食べるという発想は生まれなかったが、メンマ（輸入）業界では、中国での生産量減や価格の高騰等からメンマの国産化やタイ等からの輸入検討等は行われていると聞く。我々としては、若し、日本の竹（孟宗竹、真竹、ハチク他）の幼竹が美味しく食べれるなら、わざわざ外来の麻竹を植えるより、ここまで進んできたからには日本の幼竹を活用し、竹林整備を進めながら美味しい食材を創り普及させる道を歩きたい。開発の考え方、製法、ノウハウは全て公開共有しています。

3．純国産メンマ作りと販売

元々メンマは台湾の麻竹山地の嘉義県発祥で、タケノコをカットした後、蒸し（茹で）て発酵し、乾燥したものである。昭和２０年頃迄は「支那竹：シナチク」と呼ばれたが、戦後、メンマの台湾政府からの抗議で、丸松物産の前会長の松村秋水氏が「麺（メン）の上に乗せる麻（マ）筍」だから「メンマ」に変更したとの説が有力。丸松物産株式会社—メンマとお惣菜のパイオニア　http;//marumatsu-mb.co.jp
今回の純国産メンマ作りに関し、竹が違う、製法も異なるものをメンマと言って良いのかと考えたが、輸入略１００％のメンマの国産化を幼竹を活用し行う事等から、日本の「メンマ」の名付け親で業界の第一人者である丸松物産さんに相談したところ快く承諾いただき、総称として「純国産メンマ」としている。なお、今後各地で種々の地域を代表する製品が開発される場合、その地域用途等に合わせた面白いブランドが生まれる事を希望する。

＜製法＞

基本の製法一例を紹介するが、純国産メンマは商品幅が広く、夫々商品に合わせて最適の処方を確立していくべきである。需要家の要望に細かく応えられるのも国産の強みである。

１．幼竹採取

基本的には１．５～２ｍの幼竹をノコ（又は鎌）で切りとる。タケノコの様に探して掘るに比し、特殊な技術が不要で簡単。又１本１０Kgと効率が良い。又穂先タケノコに比し全量を活用するので効率的である。

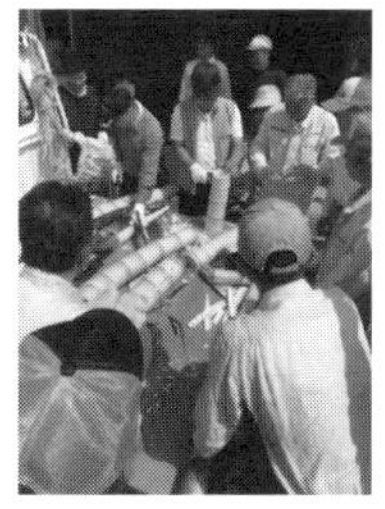

２．皮剥ぎ・カット

幼竹の方側に包丁を入れ、皮を剥ぐ。皮を剥いだ後長さを茹でや塩漬けがし易いように３０－４０ｃｍ以下にカットする。又タケノコの場合は一般に縦に２分割するが、塩漬け等を効率的に行なう（折れ割れ防止、密に漬ける）為４分割、６分割とする。又元部の硬い部分は除去する。

3．茹で

幼竹の場合は穂先部は煮沸３０分、中央部、元部は６０分を目途とする。

灰汁抜きは、米糠、重曹（１－２ｇ／L）等選択肢はあるが、我々は何も入れず水のみで茹でている。

4．塩漬け

茹でた後お湯切りして、４０℃になったら対茹で幼竹比３０％で塩漬けする（茹でた後長い時間放置しないが良い品質が得られる）。

我々は約６０Lのポリバケツにポリ袋を敷きその中に塩、タケノコ、塩、タケノコと順々に詰め込む。時々手で均一に抑えながらやると綺麗に漬かる。一杯になったら、口を紐、ゴム空気を抜きながら絞り密封する。その上に蓋を置き、重石を置く。この上にバケツの蓋を置き、出来るならバケツをポリ袋で包む。３～４日で水（塩水）があがってきて、全体が塩水で包まれる。この方法の場合は、所謂塩蔵（発酵無し）で１ケ月から製品となり、約１年間安定した品質となる。この方法は“１発漬け”であり、仕込んだ後ポリ袋に密封されたまま製品になり、工程が簡単（１工程）で、人の手にも触れず安心安全の商品といえる。

5．その他

（1）現状のメンマは塩なし発酵であるが扱いが難しいと考え塩漬けとした。必要に応じて塩なし発酵もありうる。又乾燥すると戻しが非常に難しくなり、塩メンマ状ウエットタイプを基本とした。

（2）中国品メンマ（乳酸発酵・乾燥）には、乳酸菌は確認できず、若し居たとしてもその後の戻し操作で消える可能性がある。そこで、純国産メンマの塩漬け品を塩抜き後、密封発酵させると乳酸菌たっぷりの新しいメンマができることを確認している。

（3）純国産メンマの用途はラーメンの具の他、和洋食、一般家庭食、加工品等々であり標準一例としての製法を提示するが、それぞれの用途で最適の製法を選択すべきである。

（4）糸島めんまの販売

地元伊都菜彩、わくわく広場等産直店並びにネット販売

①糸島めんま塩漬け　穂先・中央部・元部・カット（３００ｇ￥３８９、1Kg￥１，０８０）

②糸島めんま醤油漬け山椒味（１００ｇ￥３６７、２００ｇ￥６９１０）

③糸島めんま甘酢漬け（１００ｇ￥３６７、２００ｇ￥６９１）

4．ラーメンの具以外の美味しい食べ方

現在は殆どがラーメンの具で使われているが、純国産メンマは元々ラーメンの具の他和洋食、一般家庭食、加工品に使えるものを目指しており、材料や製法も異なっているが、臭い等の改善でより幅広く使えると考えます。少しずつ商品開発が行われており、糸島市では味付けメンマの他醤油漬け、甘酢漬け、豚籠包（皮に竹炭、具に糸島豚、糸島めんま入り）、チマキ、お焼き、カレーパン、キッシュ等が商品化され販売されています。特に食感の良さが評価されており、常備菜として焼きそば、タコ焼き、寿司、ハンバーグへの活用、レストランでのパスタ等への活用等々更に美味しいものが検討されており、今後が楽しみです。

5．今後の展望と課題

「純国産メンマ作りによる竹林整備」の趣旨に賛同した全国２２都府県の団体・個人で平成２８年１２月に「純国産メンマプロジェクト」を立ち上げ連携をしながら進めており、今春は３０都府県に拡大の見込みである。同様の考えをお持ちの方々の参画を希望しています。

この事業は、竹林整備で出るを抑えるという新たな策でありその効果は明確である。又輸入比率略１００％のメンマ、輸入比率約９０％のタケノコ、純国産メンマの新期分野を加え５０万トン規模の市場となると考えます。この事業を確実に進める為には、“幼竹によるメンマの需要拡大”と“竹林整備による青竹の需要拡大”が必要であり、今後の課題である。

(21) **平成３０年度森林及び林業の動向、**
令和元年度森林及び林業施策（林野庁）Ｐ１４０
コラム「穂先タケノコを活用した商品づくりで竹林整備に貢献」
愛媛県森林組合・糸島コミュニティ事業研究会・天竜川鷲流狭復活プロジェクト

(22) **福岡県県産リサイクル製品認定　認定番号第1910802号**
２０２０年2月１０日　　製品名　純国産糸島めんま
企画　塩漬け、塩干し、醤油漬け、甘酢漬け
再生資源の種類　未利用の若竹

(23) **２０２０年5月２４日　南日本新聞社**
「幼竹」をメンマに加工、青竹活用と両輪で
薩摩川内市バイオマス産業都市構想

(24) **２０２０年6月2日　神戸新聞**
放置竹林「食べて解決」メンマ菓子作り
淡路島里山整備プロジェクト

【5】純国産メンマ全国展開

全国で荒廃竹林整備の必要性から、「純国産メンマ作りによる竹林整備」の考えに賛同頂く事が多く、講演並びに視察・研修の要望がおおく期待に応え全国展開をすすめた。

【講演会・セミナーと視察・研修受け入れ】

1．**講演**　**長野県飯田市竜丘公民館　2016年6月8日　60人**

長野県飯田市天竜川鵞流狭再生プロジェクトはいち早くこの事業に賛同頂き、一緒に取りすすめる為、竜丘地域自治会地域振興委員会主催で～メンマの純国産化プロジェクト～セミナーを開催。

★南信州新聞　　　　　2018年5月29日

★南信州新聞　　　　　2018年6月9日

2．**講演**　**2016年9月8日　山口県下関市筍等生産技術講習会**

3．**（視察）2017年3月22日　築上郡上毛町視察**

（グリーンコープいとしま店ことこと）12名

4．**（視察）2017年3月30日　和歌山県和歌山市市議団視察**

（グリーンコープいとしま店ことこと:以下ことこと）8名

★わかやま新報　２０１７年５月２４日

5．（視察）2017年7月18日　佐賀県富士町佐城広域視察（ことこと）10名
6．（研修）2017年7月24日千葉県長生郡NPO法人たけもりの郷千葉美香子理事（自宅アプレ）
7．（研修）2017年９月２日　広島県安芸高田谷川裕之氏、地域興し隊宮岸章氏（自宅アプレ）
8．**講演**　2017年9月30日　島根県林業研究会太田市アステラス

島根県林業研究会（林研）女子部の研修会で「純国産メンマによる竹林整備」の講演をし、島根全県でのメンマ作りを進めて頂く。

9．**講演**　2017年12月10日　純国産メンマプロジェクトキックオフ大会（別途）
10．**講演**　2018年2月28日糸島市創エネフォーラム（糸島健康福祉センターふれあい）
11．**講演**　2018年4月7日　鳥取県江府町

12．（視察）2018年9月27日林野庁森林整備部　森谷課長・幸地課長補佐　九州森林管理局　﨑野署長・藤井整備官（自宅アプレ）
13．**講演**　2018年6月16日千葉バイオマス協議会講演会　市原市五

井　100名

千葉県を挙げての「地域資源活用シンポジウム」で千葉県3地区と糸島のメンマ味比べ試食会の出来良かったです。今後の各地区の進展が期待できます。

14. (視察) 2018年10月22日　北九州市テクノサポート　石井理事(ことこと)
15. (視察) 2018年11月12日　愛知県竹材組合タケヒロ　鈴木隆司社長
16. (視察) 2018年11月13日　福岡県6次産業化研修（ことこと）
17. **講演**　2018年11月14日　全国竹産業連合会熊本大会（別途）
18. (視察) 2018年12月17日　福岡県農林事務所本田課長・青木課長　那須技術主査（アプレ）
19. (視察) 2018年12月21日　丸松物産（株）松村社長（自宅アプレ）
20. (視察) 2019年2月16日　京都府舞鶴市舞鶴竹炭　波多野氏、井上氏（ことこと）
21. (視察) 2019年3月6日　熊本県玉名市（ことこと）
22. **講演**　2019年3月22日　山口県熊毛郡講演会
23. **講演**　2019年3月23日　京都府福知山市環境会議　50人

講演会の翌日、今後整備を予定している「明智藪」を視察検討。

24. （研修）2019年3月30日　島根県林研女子部　2名（自宅アプレ）
25. （視察）2019年4月17日　群馬県速水氏　2名（ことこと）
26. （研修）2019年4月22日　山口県下関市（志摩日々菜々）柳川市TSG　山田正勝氏

27. （研修）2019年4月24日　柳川市TSG大坪尚宏社長（志摩日々菜々）
28. （研修）2019年5月4日　岡山県（株）松本　松本聡常務（自宅アプレ）
29. （研修）2019年5月11日　九州大学大学院清野聡子准教他　22名（志摩日々菜々）
30. **講演**　2019年5月12日　純国産メンマサミットin広島　120名（別途）
31. **講演**　2019年5月14日　小倉南区両谷市民センター　26名

32. （視察）2019年5月15日　八女（ことこと）
33. （視察）2019年5月15日　東京（ことこと）
34. （視察）2019年5月15日　鹿児島（ことこと）
35. **講演**　2019年5月19日　京都府舞鶴市　120名

36. （視察）2019年6月1日 大分　8名（ことこと）
37. （視察）2019年6月5日 南関地域つくり応援隊（ことこと）
38. （視察）2019年6月12日　宗像市コミュニティ協働推進課　20名（いとしま応援プラザ）
39. （視察）2019年7月7日　東京経営支援NPOクラブ　4名（ことこと）
40. （視察）2019年7月9日　京都長岡京市（ことこと）
41. （視察）2019年7月17日（引津公民館）鹿児島シルバー人材センター　12名
42. （視察）2019年7月18日（自宅アプレ）徳島県徳島産業機構　3名
43. **講演**　2019年7月24日 竹イノベーション研究会　福岡大学　50人
44. **講演**　2019年7月30日　大分県豊後大野市　なかたに講演会　40名

45. **講演**　2019年8月8日　鹿児島県薩摩川内バイオマス協議会　50名

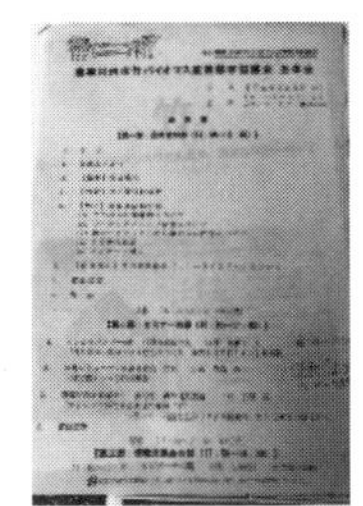

47. （視察）2019年8月27日　熊本県南関町議会行政視察（ことこと）7名
48. （視察）2019年9月6日　長崎県森林ボランティア研修会　37名（いとしま応援プラザ）

49. （視察）2019年9月20日　岡山県倉敷市前島氏（ことこと）
50. （視察）2019年9月20日　佐賀県唐津農林　4名（ことこと）
51. （視察）2019年9月20日　福岡県信用農業組合連合会（ことこと）
52. （視察）2019年9月27日　宮崎県綾町役場　8名（ことこと）
53. （視察）2019年10月9日　愛媛県林業政策課　6名（いとしま応援プラザ）
54. （視察）2019年11月1日　兵庫県神戸市淡河　2名（自宅アプレ）
55. （視察）2019年11月12日　熊本県和水町農業委員会　30人　（いとしま応援プラザ）
56. （視察）2019年11月13日　山口県下関市民生委員会　8名（ことこと）
57. （視察）2019年11月15日　宗像市コミュニティ推進課　20名（いとしま応援プラザ）
58. 講演　2019年12月8日　鳥取県竹フェステェバル　60名（鳥取

市とりぎん文化会館）

59. （視察）2019年12月13日　愛媛県西予市渓筋自治振興協議会32人（いとしま応援プラザ）

60. （展示）2020年1月17日　第8回竹イノベーション研究会　80人（福岡大学）

竹ぬか床、竹パウダー、メンマ（塩漬け、醤油漬け、塩干し、竹するめ）展示

61. （視察）2020年1月22日　熊本県玉名　10名（ことこと）

62. （視察）2020年1月25日　宮崎県小林市細野まちづくり協議会12名（いとしま応援プラザ）

63. **講演**　2020年2月4日　熊本県農林水産部森林局くまもと林業大学校　女性林業担い手研修会（熊本市青年会館）30名

64. （視察）2020年2月7日　鳥取県中部とっとりタケノコ振興会会長田栗氏　他１名（自宅アプレ）

65. （視察）2020年2月10日　大分県豊後大野なかたに振興会

竹の利活用（竹ぬか床、メンマ）森さん・山崎さん（自宅アプレ）

66. **講演**　2020年2月24日神戸市淡河「神戸里山竹フェス」（神戸市淡河宿本陣跡）

67. （視察）2020年3月17日　福岡県大任町　町議会　5名（ことこと）
68. **講演**　2020年3月18日　純国産メンマ作り直前セミナー
<新型コロナウイルスの為中止>（いとしま応援プラザ）
69. （視察）2020年3月22日　田川市地域つくり（ことこと）
70. **講演**　2020年5月24日　京都府日向市商工観光センター“竹を食材に”（日向市商工観光センター）

【6】純国産メンマプロジェクト結成

◆結成前夜

竹の伝道師深澤さん、天竜川曽根原さんの活動が全国組織結成の力となりました。

わざわざそれも何度も、糸島迄来ていただき情報交換できたのがキッカケとなりました。

◆２０１７年１２月１０日純国産メンマプロジェクトキックオフｉｎ京都開催。

平成２８年１２月１０日に純国産メンマプロジェクトキックオフ会を開催しました。全国２２都府県より約７０人が参加。

従来より竹林整備グループでＳＮＳで情報交換していたが、「純国産

メンマ作りによる竹林整備」に共感する団体、個人で繋がったのでプロジェクトを結成した。この結成には、従来より全国の竹林整備の支援をしてきたモキ製作所（株）深澤さんのお力によるものであり、集まった団体、個人も素晴らしい活動をしている人達である。この人達が「純国産メンマ作りによる竹林整備」に賛同頂くのは有難い。これら団体、個人は、竹林整備、里山作り、竹炭つくり、竹パウダー作り、竹細工等幅広く行っており、更に活動範囲を広げてほしいものである。　放置竹林の整備には、現在実行している地域団体が今後とも主力となる事が考えられ、この組織は大事な任務を担うこととなる。

純国産メンマプロジェクト世話人

総代表	日高栄治 （福岡県・糸島コミュニティ事業研究会主宰）
プロジェクトリーダー	曽根原宗男 （長野県・天竜川鷲流狭再生プロジェクト代表）
事務局長	深澤義則（長野県・モキ製作所）
Ｅ-アドバイザー	井上弘司（長野県・地域再生診療所代表）
アドバイザー	井堀まゆみ（長野県・まなびと代表）
アドバイザー	井浦歩実（ＮＰＯ法人Ｆ．Ｏ．Ｐ　代表理事）

◆２０１８１０竹文化振興協会会誌　事務局長深澤義則さん投稿

◆２０１９年５月１２日純国産メンマサミットｉｎ広島開催。

全国から１２０名の方々に集まり、製造基準、各地報告他情報交換を行いました。

安芸高田で活動中の谷川さんが広島大会幹事長で盛大に開催して頂き

ました。

又各地区の世話人、法人化を早急に進めることも決定しました。

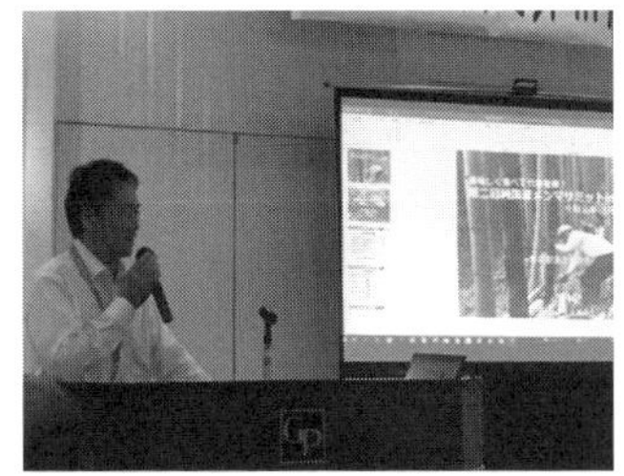

全国で竹林整備、地域つくり等で活躍中のメンバーの力で、更に大きく飛躍すると考えます。今後、企業など大手の参入も考えられ、竹林整備が進むと考えますが、荒廃竹林、放置竹林の整備は、現在竹林整備を行なっている地域団体、ＮＰＯ等が主体となると思われ全国で連携するなど相当の頑張りが必要ですが、成果は出せると信じています。

全国純国産メンマプロジェクトに参加のメンバーは地域で、竹林整備は勿論、地域おこし、教育支援等幅広く活動する団体であり今後、“純国産メンマ作りによる竹林整備”を活動の一角に加え、更なる活動を期待しています。

地区世話人

左から
関西：橋本（次回幹事長）
九州：日高（総会長）
中部：曽根原
（プロジェクトリーダー）
事務局：深澤（事務局長）
事務局・井上（E・アドバイザー）
関東：高澤
中国四国：谷川
（広島大会主催幹事長）

次回令和２年６月純国産メンマフォーラムは和歌山（幹事長橋本光代さん）開催を宣言（コロナ拡大防止の為中止）。

純国産メンマプロジェクトの動きとして、今年各地区より派生した新しいグループによるメンマ作りが始まっており、全国への広がりが期待されます。

第２章　地域活動とＣＢ実践

＊２０００年に早期定年退職から、純国産メンマ作り迄の１４年の活動。
＊各活動は当時の資料等をそのまま記載していますのでご了承ください。

【１】 地域活動

２００２年５月福岡市西区で工房日高有限会社を設立。２００３年に故郷である糸島に居を移し、社名をアプレ有限会社としステンドグラス製造販売並びにオーダースーツ製造販売を行い、併せて地域活動に参加した。当初地域の「芥屋地域つくり協議会」「志摩女性ネットワーク」「新現役の会」等）並行的に活動した。又、具体的なＣＢ（コミュニティビジネス）の実践に挑戦した。特に志摩地区で環境問題に取り組む、よかしまフォーラム（北原順子会長⇒吉村正暢会長）に参加したが、この活動がその後の地域活動に大きく役立ったと考えている。又、松月よし子さんが進めておられた、志摩女性ネットワーク活動にも参加し現在に至る（現糸島市志摩男女共同参画ネットワーク）。

◆退職後の活動推移

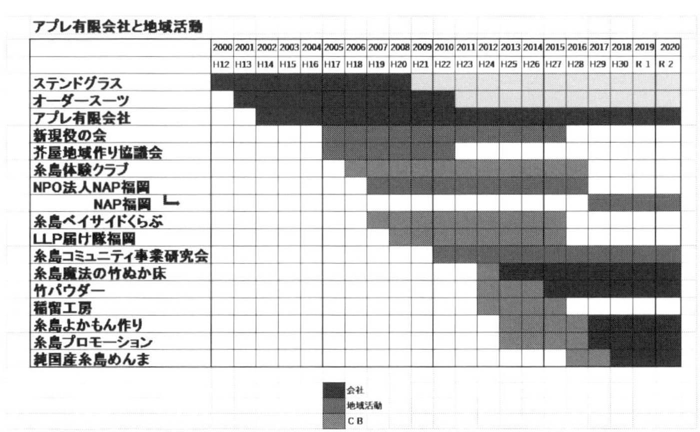

◆２０１０年頃の週間行動

スケジュール主要日程

		第１	第２	第３	第４	第５
月	朝 昼 夜	IBC10- IBC-16 <ベイサイドクラブ>	IBC10- IBC-16	IBC10- IBC-16	IBC10- IBC-16	IBC10- IBC-16
火	朝 昼 夜		ステンドPOM（[illegible]） NAP糸島世話人会		ステンドPOM	
水	朝 昼 夜	朝市 10-12 <城南区 祭>	朝市 男女共同参画	朝市 海徳寺会計	朝市	朝市
木	朝 昼 夜		ステンド	ステンド（1day） ステンド（1day）	ステンド	
金	朝 昼 夜	IBC11-16 ステンド13-16	IBC IBC	IBC ステンド	IBC IBC	IBC IBC
土	朝 昼 夜	朝市：南ヶ丘 大野城市	朝市：南ヶ丘	朝市：南ヶ丘	朝市：南ヶ丘	朝市：南ヶ丘
日	朝 昼 夜	IBC10- IBC-16 <ベイサイドクラブ>	IBC IBC	IBC IBC	IBC IBC	IBC IBC

各グループ定例会議

NAP糸島世話人会（毎月第２火曜午前中） NPO法人NAP福岡理事会（毎月） いとしま体験クラブ運営会議（毎月月初） いとしまboisaidoくらぶ運営会議（毎月中旬） 届け隊福岡LLP（毎月月初） 志摩町男女共同参画センター運営会議（毎月第２水曜日午後）	芥屋地域作り協議会（毎月第３木曜夜） 海徳寺役員会（毎月・夜） 同　会計会議（毎月第３水曜夜） NPO法人食で紡ぐいのちの輪理事会（毎月）

＊糸島では、食や観光、暮らしやすさ等全国的に注目されている。地域では多くの方々が、ボランティア、各活動に努力をされています。是非、少しでも暮らしやすい、明るい地域になるようにお互い頑張りましょう。

【2】 新現役の会（２００５年～）

当時は団塊の世代が一挙に退職する“２００７年問題」が背景にあり地域活動の一つのテーマとなっていた。平成１７年糸島に移住してこられた馬場夫妻と出会い、その際「新現役の会（久留米・古賀直樹氏設立）の糸島支部」の結成を約束した。馬場さん、辻さんと日高３人が核となり、寺本さんなどの参加も得て本格的に活動開始をした。活動の目的は、会社を退職、ＩターンＵターンして糸島に移住してきた人達が生き甲斐をもって元気に生きるための支援協力をすることです。自分は５３才で早期定年退職し、元の会社に営業で訪問するがこの時代は早期退職、出向、転籍の問題がありみんなまな板の鯉状態で、給料も３０％、５０％ダウンとなったり、転籍等将来に対する不安が多く、この点からも先に地域に戻ったものが地域で受け皿を作って待つことも必要だと感じた。

＜新現役の会糸島発足＞：代表世話人（会長）馬場邦彦・辻・日高・寺本・佐土原・中村・板井・諸熊・松月・尾田・高嵜・有吉・川内・行野・江副・高木・小牧・遠藤・多田・内野他

＜主な活動＞

1．新現役の会糸島並びに近隣団体の支援

2．久留米、長崎、春日、筑紫野、福岡中央等団体との連携

3．いとしま体験クラブ設立、ＮＰＯ法人ＮＡＰ福岡センター設立、いとしまベイサイドくらぶＬＬＰ、届けたい福岡ＬＬＰ、糸島よかもん創り等立ち上げ。

「糸島支部　世話人会」報告

＊新現役の会糸島では、各種イベントの他、いとしま体験クラブ、ベイサイドカフェ等で活動した。新現役の会は、新たな退職者、糸島への移住者等に、「プラットホーム」「踊り場」を提供し地域課題等を話し合いながら、仲間をつくり個人及びグループで趣味、ボランティア並びにコミュニティビジネスにチャレンジしようとした。この時期新現役の会は当時問題となっていた「２００７問題（団塊の世代が大挙退職する）」等に対応するなど多くの方に受け入れられた。

地域活動で問題となったのが、会社（組織）時代の考えが抜けない人が多く活動の足かせ、弊害になる事が多く、地域でみんなと一緒に活動するには、昔の考えを切り替え、みんなの中に入る事が必要である。１を１０に、１００にできる人或いは0を１にできる人もいる。やはり、力を合わせるしかない。地域で生き甲斐をもって生きたい、貢献もしたいと思われている方は多い。頑張っている姿を見ないと地域の人達はなかなか受け入れてはくれませんが、素直に飛び込めば必ず受け入れてくれる筈です。

可也山（小富士）

芥屋の大門と夕日

【3】ＮＰＯ法人ＮＡＰ福岡センター（２００７年～２０１６）
　　２０１６年～ＮＡＰ福岡センター（任意団体）

各地で進んでいく新現役の会の支援を行うため、又県市等との協働等を進めるため、ＮＰＯ法人ＮＡＰ福岡センターを設立。当時、久留米、長崎等で同様の中間支援組織ができ、連携を深めた。

理事：馬場（代表）・日高（副）・中村・北川・日高・鈴木・寺本・佐土原・北野・入江・板井・神・諸熊・尾田他

<福岡県との協働事業>

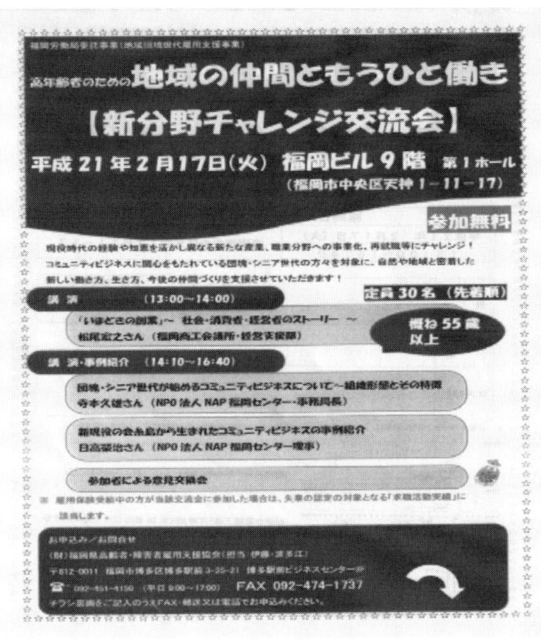

◆平成２２年度「ふくおか共助社会づくり表彰」受賞

福岡県新雇用開発課との協働「地域の課題解決に向けた高齢者の能力活用」、並びに新現役コミュニティカレッジ

◆グラフふくおか　平成２２年

特集「７０歳現役社会作り」退職者の地域デビューと活躍の場ずくりをめざして

【4】 糸島コミュニティ事業研究会（２０１０年～）

新現役の会（糸島）からＮＰＯ法人ＮＡＰ福岡センターを作り、３年間の福岡県との協働活動の後、ＮＡＰ福岡センターの中に糸島コミュニティカレッジを作り、定年退職者並びに移住者の地域デビューの支援を目的に平成２２年４月糸島コミュニティ事業研究会を結成した。地域課題を地域の住民が主体となって解決していく事業であり、各自会社経験を活かして地域の役に立ちたいと考えた。

参加団体活動紹介

「糸島コミュニティー事業研究会」

設立：平成22年4月
目的：地域の課題を積極的に掘り起し、地域の人達が主体となって地域資源、経営手法を
　　活かして解決する事業の支援並びに実践を行う。
活動：（例会）毎月第**4**金曜日に研究会開催（第**38**回）
　（交流会・報告会）H23年3月、H24年7月、H24年9月、H25年3月
　＊平成24年度糸島市市民提案型まちづくり事業<糸島竹ぬか床のブランド化」
　＊平成24年度糸島市市民提案型まちづくり事業<地域資源を活用した名産品創り>

1．”地域の課題を地域の人達で、ビジネス手法を活用して解決を図る（CB）”の糸島における啓蒙と実践を行うことを目標にして活動しています。特に積極的な課題の掘り起こしと、豊富な地域資源の有効活用が必要と考えています。

2．2019～21年度の福岡県と協働したCBセミナー（NPO法人NAP福岡センター）と糸島におけるCB実践経験などを基に糸島の地域課題の積極的掘り起こしと**CB**による解決を支援致します。設立以来、毎月の「研究会（32回）」と、研究結果（現在50テーマ）を地域に公表還元する「地域交流会（年1回開催）を行っています。研究会が検討したテーマと結果は、地域の共有財産としてデーターを蓄積しており、誰でも使用可能です。

＊単なる利益主体の事業ではなく、地域全体にメリットをもたらす活動（ネットワーク化）とする事が必要だと考えます。

3．平成24年度は支援を受け「糸島竹糠床のブランド化」を実践致しました。

＊毎月例会「竹ぬか床プロジェクト会議」11回

◆平成２２～２４年の２年間で４８テーマを検討、その後追加しています。

平成２５年４月時点のもので、解決済のものもありますのでご了承ください。

平成２５年４月

糸島コミュニティー事業研究会検討テーマ一覧

糸島の地域資源を活用した名産品創りのシステム化

このテーマ、検討結果は地域の共有財産と考えています。
ご興味ある内容がありましたら、ご自由にご活用下さい。
糸島でＣＢ（地域の課題を地域の人達が主体となりビジネス手法を生かし解決していく事業）を進めましょう。
貴方の一手で本物に・・・。

糸島コミュニティー事業研究会テーマ一覧と進捗表

＜地域課題と地域資源の発掘とＣＢ化＞

№	テーマ	内　容	備　考
2	健康茶作り＜健康、生き甲斐、地域興し＞	糸島のハーブ、明日葉、ドクダミ、柿の葉、等の健康茶を作り、セットで販売する。	実践中の方あり。実践予定。＜稲留工房よかもん創りで一部実践中＞ ＊H25年本格検討予定。
3	「あおさ」の地域ブランド化＜地域興し、環境、食育＞	芥屋港等で大量発生しているあおさを地域ブランドとして育成。地域作りであおさ除去―堆肥化→有効活用。芥屋港で採集。乾燥品をパン、菓子など糸島の名産化を行う。	採取量に限界あり。（粉・姿―中小＆振掛）別途、佃煮試作済み、うどんの具等。環境改善＋地域特産化 ＊芥屋漁協との協働研究テーマＨ２４年春新発売 ＊H25年本格検討予定。量が限定的で、振れるので事業化は難

4	NAP御用聞き隊結成＜高齢者対策、生き甲斐、地域興し＞	高齢者に対する食材・弁当宅配、家事手伝い、買い物手伝い等を出来るネットワーク作り。	＜最重要テーマとして実践で検討＞ チラシ個配と絡めて再構築。具体的立上げ。
5	イベント盛上げ隊＜地域興し＞	届け隊では、大野城夏祭り、西区環境フェス等都合つく場合のみ行動中。糸島の多くのお祭り、地域おこしフェス等に参加可能な組織作り。自治会主催のイベント盛り上げ。	不定期ながら、参加人数が著しく大きい。楽しみながら、売り上げ確保可能。 ＜一部実践中＞ Ｈ２０年～：大野城市南が丘夏祭りに「糸島届け隊として出店。
6	理想的“食の一貫ビジネス”の確立（本物志向の食のネットワーク作り）＜地域興し、環境、食育＞	無農薬野菜生産を起点として、朝市・店舗販売、加工品、無添加料理等、地元の本物の味を広める活動	各々の出きる事を纏め総合的なネットワークをつくる（補完的ビジネスも発掘可）。大きいテーマながら糸島には充分な地盤と可能性がある。 ＊H25年本格検討予定。
7	糸島地域のターゲッティング宅配システムつくり＜地域つくり、交流＞	おしらせ、チラシ等を配布する方法として現在は、新聞折込（￥２～３）のみ。少量で効果を挙げるターゲッティング配布のシステムを構築する。Ｈ２３～「ターゲッティングＭプロジェクト」　１万部／月実施中。	「子育て家庭」「高齢化家庭」・・当面、地区・団地単位での管理。効率的に、低経費で地域情報を提供し、糸島全体の盛り上げを行う。 Ｈ２４．３「糸島プロモーション」設立：チラシ製作配布、ＩＴ＆ＳＮＳの実践活用、各種セミナー実施等。 H25年３月現在２０万部／月実施中（城南・早良・西・糸島・唐津）
8	糸島天日乾燥屋さん＜健康、生き甲斐、地域興し＞	糸島の素晴らしい野菜、果物、海藻等を天日乾燥のみでの名産品作り具体化要！	“糸島の新鮮素材”＋“天日”太陽の恵み＜あおさ、大根、果物、ナマコ、タコ＞菊芋乾燥要望覆い！天日＋機械乾燥検討要！ ＊H25年本格検討。

9	いとしまコミュニティーバス<地域興し>	バスの運行に問題多い糸島のNPO等によるコミニュティーバスを検討。学生対策。	糸島公共交通研究会で別途検討 24/2二丈コミュニティーバス運行開始（ボランティア問題あり）
10	惣菜関係名産品つくり<地域興し、食育>	全国的な名産品つくりー糸島の野菜、海産物を加工し糸島の名品を作る、	惣菜加工の拠点つくり。個人農漁業従事者の支援。糸島の地域資源活用（惣菜は総合力を出しやすい） ＊H25年本格検討予定。
11	届け隊福岡別働隊結成<地域興し、食育>	届け隊は現在LLPとして、火、土曜行動。今後各方面の要望に応え、又宅配の要望もあり、別働隊の必要性。	届け隊行動中。別働隊行動者募集中。大野城南ヶ丘、原５丁目、高砂、筑前町トマト、大宰府ふれあい等。大野城南ヶ丘朝市中止（目的達成）により休止中。
12	地元特産キムチ作り<地域興し、食育>	採れ立て魚介のキムチ作り（烏賊、牡蠣、タコ、蟹、海藻他）	一部実施中<届け隊> ＊H25年本格検討予定。鰆（サゴシ）、ブリ（ハマチ、ヤズ）、グチ等。あおさのキムチ検討。（ツワ、土筆、高菜など）
13	フィッシャーマンズワーフ糸島構想<地域興し、食育>	サンフランシスコ等にあるFWを糸島に。産直の次は港からあがる魚を料理できる施設が必要。	産直店オンリーからの脱皮とランクアップ。他地区では追従出来ない糸島ならではの策。糸島市アンケートでも産直店についての要望がでています。総合アミューズメント施設（船上げ鮮魚の販売・料理、捌き実演、地域物品直売所ー野菜・加工品、料理教室・加工教室等採れたてを見て、触って、食べて、学び楽しむ体験・滞在型施設）

14	地魚燻製ブランド作り＜地域興し、食育、＞	朝採れ地元地魚の名産作り（鯛薫、烏賊燻他）惣菜資格要。	鯛燻レシピ確立済み。燻製クラブ有り。ＢＣにてアフタヌーンティーセットにて供食。 ＊H25年本格検討予定。
17	地野菜の漬物ブランド作り＜地域興し、食育＞	採れ立の無農薬野菜等でNEW漬物作り（変り素材：変り漬物）	いとしま地野菜の活用。採れた野菜の加工＊竹糠床、種糠漬け販売 ＊H25年本格検討予定。
19	デジ化プロジェクト＜地域興し、食育、＞	古いアナログ写真、ビデオをデジタル化する。還暦、卒業、法事、クラブ活動、自分史等。	Ｈ２２．８～。格好良いベストショット生前写真。＜写真等の永久保存など＞
20	糸島小麦を使ったテンペつくり＜地域興し、食育＞	糸島の小麦を使ったテンペの名産化。	健康志向のテンペ料理は、名産化が可能。無農薬糸島産大豆を使った「オーガニックテンペ（ポニラさん）」
21	懐かしの映画観賞会＜地域興し、食育、高齢者居場所＞	懐かしい４０－７０年代の洋画鑑賞会。音楽と映画とおしゃべりの会。アナログのよさを味わう。野外映画等。	Ｈ２３．２～新現役の会にて第２火曜日南風台集会所で実施。24/2～海徳寺にて開催＜新現役で実施中＞現在お休み中 ＊H25年本格検討予定
22	糸島名産品アンテナショップ「糸島うまか屋」＜地域興し、食育＞	糸島の名産品を福岡、全国に販売する組織作り、糸島物品の販売支援	糸島のアンテナショップ運営（福岡・東京）。個々には頑張っているが、糸島全体をカバーする組織が無い。
23	糸島の環境改善型事業構築「糸島もったいなかよ隊」＜地域興し、食育＞	糸島の環境改善と併せて事業化する（農作物、海産物の廃棄材料、不用品の活用）＊未収穫農作物等＋ラベンダーの会、農業婦人の会等	環境改善を事業化。もったいない農産、海産のクズ、出荷残り物、廃棄物を使った名産化。専門農家、漁業者、加工者の協力要。＜野菜、果物・・・、あおさ、竹糠床他＞ ＊H25年本格検討予定。

24	＜生産者と消費者の架け橋作り＞「ＮＰＯいとしま届け隊」結成＜地域興し、食育＞	糸島の名産品を都会消費者に届ける＜糸島（生産地）と都会・全国（需要家）を結ぶ、コーディネート	糸島ブランド（糸島名産品と糸島そのもの）を全国発信＜糸島の良いものを集め、紹介していく＞糸島うまか屋関連
26	糸島の新名所作り＜地域興し＞	現在の名所を新たな伝説などを加え新たな名所作りを行う。	糸島の新名所を周遊するシステム作り（名所と文化）
27	糸島海山楽遊社＜地域興し、食育＞	糸島の名所、祭りなどに関連した楽しい遊びを楽しむツアー開催	磯遊び、地域の祭りに親しむと共にその文化を楽しむ企画
28	糸島食材お届けキャラバン＜地域興し、食育、高齢者支援＞	糸島内の交通不便地区への食材・日用品お届けサービス＜具体的に検討中＞	野菜・海産物・加工品＆日用品のお届け（糸島の不便地区、高齢化地区）。検討中＜雷山、長糸、波呂・・・＞現状では採算性に難。＊「いと丸くん（(株）マルコーバリュー）実践中
29	糸島オリーブランド計画＜地域興し、食育、地域振興＞	糸島のオリーブで塩付け、オリーブ油を作り、地元料理、加工品を創生する。＜輸入が殆どのものの、地元化＞	休耕地活用、糸島の風土に合う、オリーブで地域興し、糸島のイメージに合う産業を後世に残す。障害者支援他。全九州、全国で進展中。糸島は敵地：遊休地に適。
30	糸島内交通弱者の支援体制＜生活支援：通学・通勤＞	公共交通以外の交通対策（ピンポイント対応）＊高齢者主体が多く、学生等生活支援が必要！	（①早朝、夜の学生支援②工房、観光地めぐり③障害者、高齢者対策④公共交通網を繋ぐ交通など）＊糸島では家族が駅まで送る。
31	椎の木で作った「椎茸」つくり「椎の木椎茸」＜地域興し、食育＞	現在の椎茸は、クヌギ椎茸であり、椎の木で作った椎茸が本物の椎茸。＜本当の椎茸つくりと市場開拓＞唐津・糸島は適地。	休耕地活用、里山つくり、雇用拡大、本物志向の商材つくり。「福成農園」現在、唐津などでは好評販売中。特に有名料亭等で人気。糸島を始め、全国展開可能。

34	竹パウダーの用途開発「くびっ竹（玄菱エレクトロニクス）」等＜地域興し、食育、環境＞「ゆめ竹（八起産業）」	玄菱エレクトロにクスの「くびっ竹」は生産設備も整い、現在堆肥等農業利用や生ごみリサイクル等を等を行っている。環境問題解決の為にもなり更なる用途拡大が望まれる。	漬物（竹ぬか漬け）、魚介類（竹糠漬け・ヘシコ等） 臭みとり、防腐作用に期待。＜竹パウダー４０：米糠６０＞ＣＢ研では、竹糠床開発中。全国的に福岡が「糠床」の名産地→竹糠床は糸島名産へ。
35	竹糠漬け、竹糠床販売＜糸島の竹パウダー・米糠活用＞糸島名産化して全国に発信＜地域興し、食育。環境＞	竹パウダーを糠床に加えることで、混ぜ不要、減塩、防腐、砂金作用が期待できる？Ｈ２４試験販売中240218よかしまフォーラム展示販売	１．魚介類の竹糠漬け、塩糠漬け＜ヘシコ＞　２．竹糠床技術確立と販売＜混ぜ不要＞Ｈ２４年度糸島市市民提案型まちづくり事業応募「糸島竹糠床のブランド化」支援決定。進捗中。Ｈ２５年３月「糸島魔法の竹糠床」本格販売開始
36	糸島活性化情報推進プロジェクト ＴＭＰ：ターゲッティングメールプロジェクト ＜糸島プロモーション＞設立 ＜地域興し、安全管理＞	ターゲッティング個配をベースに、効率的な情報提供プロジェクトを設立し、地域の活性化を行う、ＴＰＭ個配＋企画・製作（クライアントとの共同作業） Ｈ２３．６ポスティング開始（糸島・西区）、早良区・城南区・唐津展開。約１５―２０万部／月、１０名。	＊ＮＰＯ、ボランティア、地域活動グループの支援＊企画・製作と個配地域団体の活性化⇒地域おこし Ｈ２４．３“糸島プロモーション”“設立。いとしま応援プラザにて活動開始。 ＊広告＊マーケティング ＊CB支援＊地域団体連携 地元企業からの依頼はじまる（ハウジング、カフェ他）
37	糸島美味カフェ街道構築＜地域興し、食育＞	糸島には美味しいコーヒーを飲ませるカフェがない。工房や観光で来られるお客様にゆっくりとした気分で美味しいコーヒーを飲んで頂きたい。	糸島美味珈琲ネット①新しいコーヒー豆②豆をミルして即ドリップ③ドリップ後直ぐ出す＜溜置き×＞ 将来は、糸島ならではのデザート等確立。＜1杯立て：ネル・ペーパー・サイフォン＞

39	糸島山野草プロジェクト＜雑草木を愛でる会＞＜地域興し、生き甲斐＞	糸島の山々にある雑草を採取・育成・販売をする。無料で採取でき、一般の店には販売してない貴重な自然の素材で特に都会の癒しグッツで望まれる。つわぶき・竹・コケ・雑木諸々	＊つわぶき￥５００－１０００（ファームで販売） どくだみ￥２００ ＊雑草全て
39	新糸島滞在型体験クラブ再構築＜地域興し、地域交流＞	糸島の自然、農魚商工の滞在型体験施設。	又糸島に定住を検討している人達の体 験滞在。滞在費￥２０００－３０００。
40	自転車通学生の自転車運搬システム＜地域興し、生活支援＞	雨等の気象状況で駅に置いていく生徒の自転車を自宅迄、駅迄運搬する。	通勤者の要望もある。
41	野菜・果物の乾燥屋（乾燥機による強制乾燥）＜地域興し、食育＞	天日乾燥と併せて、大量に安定的に乾燥できる設備設置。	余剰乾燥機等検討必要。 ＊H25年本格検討予定。野菜など食材の保存化と新しい分野開拓。
42	糸島惣菜加工推進施設＜地域興し、食育＞	惣菜などは、保険所の許可、設備設置など負担が大きく、新しい製品開発のネックとなっている。地域の人が自分のブランドを作れる。	皆に開かれた公共施設が適。そこで、惣菜の加工指導、試作、委託生産をすることで、新しい魅力ある新製品開発が可能となる。 ＊H25年本格検討予定（糸島よかもん創り）。
42	地域資源の活用＜遊休設備・施設の活用＞	糸島内の遊休設備・施設の有効活用を具体化する。乾燥機、粉砕設備、配合器、その他許可設備（惣菜、菓子）などの活用	地域の埋もれた資源の活用のためのマッティングを行う。 例：牡蠣小屋の夏期、冷蔵冷凍庫、乾燥機など

43	竹炭（ブロック片&パウダー）	ブロック片、パウダーの竹炭。特にパウダーは菓子・パン他食品への添加で竹炭の特長を出す。	稲留工房で検討中。 ＊H25年本格検討予定。
44	稲留工房よかもん創り	稲留工房よかもん創りブランドで、安心安全の加工食品（乾燥野菜、漬け物、ジャム、茶などの無添加等）の加工と販売を行う。	前原・にぎわい市場で試験販売中（竹糠床、あおさ、生姜ジャム、竹茶・ドクダミ茶、ハーブ石鹸、竹パウダー）。＊H25年本格検討予定。
45	竹茶	竹パウダーを活用して竹茶を生み出す。	稲留工房で検討中。 ＊H25年本格検討予定。
46	地場野菜を使った新食材 ザワークラウトの名産化 （美味しいキャベツ）	ザワークラウト（キャベツの千切りを塩につける）キャベツ：半玉（800gくらい）　塩：キャベツの2％今回は16g（大さじ1程度）　キャラウェイシード：小さじ1　ローリエ：1枚　唐辛子：1本	美味しい味に仕上げる（生姜、山椒の実、柚子、ミカンの皮等）。又これを使って新しい料理を開発する。糸島（日本）らしい美味味とする。 キャベツの芯のぬか漬け、ザワークラウトにチャレンジしたが、筋っぽくて▲。ザーサイ風なら可能性あり。 ＊H25年本格検討予定。
47	竹ぬか床を使った漬物つくり	発酵竹ぬか床を使った新漬物作り。従来のぬか漬け、沢庵などは生糠を使い半年～2年漬けこむが、発酵竹ぬか床を使い清潔に早く漬ける方法を開発する。	ぬか漬けの特長の一つである繰り返し使うメリットを活用し、経済的、早期で」作れる漬物・竹ぬか漬けを開発する。＊H25年本格検討予定。（魚・肉他）

48	竹ぬか床・漬けから新規商品開発	竹・米ぬか・竹ぬか床の抽出成分の商品化 竹エキス、竹ぬか漬けエキス（美容液他）	量として空腹時に20cc　→体臭消しなどに効果アリ？②根菜類・カブ・大根・きゅうりなどの漬けこみダレとして　→旨みが増す！（塩もみして水気をきったものを2~3時間漬けるダケ！）③ドレッシングとして　→ゴマドレみたいな不思議な味？④肉類・魚の漬けこみダレとして　→柔らかくなり臭さがぬける！
50	糸島名産料理開発	1．タイ寿司（鯛の押し寿司、寿司三昧）	糸島で豊富にとれる小鯛を活用した寿司、惣菜作り ＊H25年本格検討予定。
51	乾燥魚つくり	昔糸島で作られていた干し魚を再開発。そうめんなどに珍味	干し魚＋乾燥海藻、干し魚＋乾燥野菜等糸島ならではの食品作り
53	糸島椿油つくり	糸島（志摩町の町木）の椿から手搾り椿油をつくる。	搾り器は稲留工房にある。
52	芥屋あおさを使った名産品創り	あおさで包んだおにぎり、又は中に海鮮具を入れる等。	青いあおさで包んだおにぎりは色目的にも美味しく、香り一杯で良さそう。 ＊H25年本格検討予定。

この資料は、当時のもので、今から考えると状況の変化など有りますがご了承ください。

６０テーマの中から、選んで提示したが、この後具体的テーマに取り組み、「糸島竹糠ぬか床」「竹パウダー」「糸島名産品」「糸島めんま」等の開発を行なった。

好不況、災害等が発生する地域にとって、課題解決型のコミュニティ事業は有用で地域活性化に力を発揮しますが、既存企業にとっても「コミュニティ事業」の考えを取り入れる事で、新たな発想での展開が可能である。

【5】コミュニティ事業実践

コミュニティビジネスを進める為仲間達とと下記の事業を実践した。

一口で事業を開始し順風満帆というのは稀であるが、問題が多発しストレスを抱えるがこの状態で各種テーマを解決して行くのが、人間性等が極端に出て面白いと思います。絶対にやり抜くという覚悟が成功の鍵である。

1．いとしま体験クラブ（２００６年～２０１６年）

新現役の会結成後、何か事業をしようとの話となり、６名の有志で、空き家となっていた障がい者施設（旧トモホーム、道路整備にかかり数年の限定的事業）を借り上げ、出資８万円／人でスタートした。建物は、母屋、ロッジ、研修所と大きく３個あり、空き家になって数年経っていたので、皆で約6ヶ月床の張替え、壁等の整備などに費やした。最大の目標は、糸島に移住する人が多く時には不動産情報だけで、物件も見ずに、糸島の状況も知らずに直接移住して、色んなトラブルが起きる話がある。そこで、安価（1泊￥２０００／人）で体験宿泊し直接肌で糸島を知ってもらい納得の上糸島に定住してもらいたいと考え開設。併せて、新現役の会、他団体等との仲間つくり交流会（３０－４０人)、立石山ハイキング等をおこなった。また、先に移住したものとの懇談、会食を通じ、転住後にスムーズに仲間つくりも行えるものとしました。

このロッジは県道がここを通ることとなっており、開通までに引き払った。他の場所での再開も検討したが、いとしまベイサイドクラブＬＬＰや届け隊福岡ＬＬＰ等も発足しており各１２万円を配当

（出資金各８万）し解散した。

◆ＮＰＯ法人ＮＡＰ福岡センター・福岡県協働「地域課題の解決に向けた高齢者の能力活用事業（平成１９年度福岡県ＮＰＯ提案事業）より一部抜粋

第3章 CB起ち上げ事例の紹介
事例 1 ここから始まる糸島田舎ライフ
体験を生かしたCB

「全て手作り」が愉しかった

福岡市の西隣りに位置する糸島半島は、玄界灘と背振山系に囲まれた自然豊かな地域です。福岡市から筑肥線で40分という立地から、近年はベッドタウンとして発展してきました。福岡、九州だけでなく、全国各地から「糸島」の自然を求めてUターン、Iターンを希望する人も多いようです。糸島の地域交流会に参加するほとんどの人が糸島以外の出身者です。そこで、6人のメンバーが自分たちの糸島半島での田舎暮らしの体験をもとに、これからUターン、Iターンを考えている方々のサポートをする事業を企画しました。その名を『いとしま体験クラブ』と言い、ロングステイして田舎暮らしを体験してもらう滞在拠点の施設運営と、田舎体験事業の企画です。まずは拠点づくりということでメンバーの有吉さんの紹介で、しばらく使われてないロッジと木造家屋1棟を借り受けました。礼金は要らないけれど、現状のまま貸すという条件でしたので、自分たちで内装工事をしました。粗大ゴミの処分、床の張替え、ペンキ塗り、草取りと素人ばかりですが、力を合わせてやり遂げました。家電や家具、食器もリサイクル品で賄い、寝具を整え、開設まで3ヶ月かかりました。作業をすすめながら、事業の組織形態について話し合い、LLP（有限責任事業組合）の仕組みを参照した事組合方式で運営することが決まりました。

活かせるものは、何でも利用

拠点とするロッジには、20畳のリビングと8畳の和室、業務用の厨房機器を備えた台所があります。現在はグループの会合やパーティ、ミニ講演会の会場、親子連れのイベントなどに利用されています。また、週末には各地の地域交流会のメンバーや学生、田舎暮らし体験希望者が利用しています。体験企画としては燻製作り、立石山ウォーキング、染色体験などのイベントをして、地域で孤立しがちなリタイア後の男性やご夫婦での参加を募り、団塊世代の仲間作りを進めてきました。これらの企画の講師は、自分たちや友人知人です。プロではないが、セミプロの腕前が初心者には親しみやすいと人気です。もちろん料金も格安ですから、リタイア生活者の協同組合のようなものでしょうか。併せて、中短期田舎暮らし体験相談や、田舎の家探しや畑作り、工房体験、歴史探訪など、メンバーの趣味を活かしたガイドにも対応するそうです。

Page20

苦労と喜び

メンバー6人は、糸島の地域交流会で知り合った女性1人と男性5人の仲間たち。長い人で1年、短い人は2ケ月という付き合いからはじまった『いとしま体験クラブ』でした。お互いに「正直大丈夫かな」との危惧があったそうですが、その心配は改装工事が始まるとすぐに払拭されました。室内清掃、屋根の落ち葉落し、障子紙貼り、床板取替え、鍵の取り付けの工事に知恵を出し合い、助け合いながら作業した時、メンバーの労を惜しまない働きを見て、お互いの信頼感が高まりました。プロ並みの技でロッジは瞬く間に見違えるようになると同時に、素晴らしいチームワークができあがりました。最初に肉体労働で汗を流し、同じ釜の飯を食うという体験をしたことが、チームビルディングの思わぬ効用になったようです。いまは、良い人たちとめぐり合えたという気持で一杯だそうです。

まだまだ、発展の可能性大

6人のメンバーの出資金は1人8万円。改装費約5万円と敷金・家賃でほとんど消えました。資金繰りは、昨年末から今年春迄は厳しい状況でしたが、2007年10月現在、運営収支はやっと黒字化ベースとなったそうです。今後、田舎暮らし希望者に対するフォロー体制を強化する他、ロッジの周りの畑を利用した農業体験や、リタイアメントセミナーの開催、男の料理教室、糸島の歴史講座、グルメツアー、生涯設計講座など、会員の特技や趣味を活かした企画を起ち上げていきます。ここに行けば何かが始まるではなく、「いとしま体験クラブで何かを始めよう」そんな意気込みでみなさんが遊びに来てくだされば、きっと愉しい体験ができるに違いありません。

【取材後記】 6人は生まれも育ちも違うし、仕事も趣味も違っていました。でも6人の60年間の経験は多種多様で、その力をあわせた時、面白い化学反応になりました。資格、特技、仕事、趣味の掛け算の答えは「6人寄れば文殊の知恵」だったようです。(辻)

データ いとしま体験クラブ

[連絡先] 〒819-1334 福岡県糸島郡志摩町岐志63-1
<Tel&Fax> 092-328-1677(日高)

[アクセス] 昭和バス芥屋線 元村または新町から徒歩10分

２．いとしまベイサイドくらぶＬＬＰ（２００７年～２０１５年）

日高経営のアートカフェ(伊都ハイランド)から、地域貢献型コミュニティレストラン：いとしまベイサイドカフェ（いとしまbaysideくらぶLLP)、ベイサイドカフェと体制を変えながら運営した。

（1）アートカフェ（日高）２００４年～

★ＫＢＣＴＶ

糸島のエメラルドパークに引越しし、工房日高（有）でステンドグラス、オーダースーツの製造販売を行なったが風光明媚な糸島の岐志で、ネルドリップコーヒーが美味しい海の見えるカフェ（アートカフェ）を開店した。エメラルドパーク別荘、地域の人、友人等がボチボチ来店されていたが、金土日の営業であり、何人かでシェアー出来たらとの事となった。丁度、新現役の会を立ち上げ多くの仲間ができ、「何かやろう！」との声が上がり、「いとしま体験クラブ」に続き、４組のシニア夫婦による、コミュニティカフェの開店となった。

（2）いとしまbaysideくらぶＬＬＰ（２００７年～２０１３年）

２００７年問題対応のコミュニティカフェとして、ＴＶ等で取り上げられ、アートカフェでは狭くなったので、プールレストランを借り、ベイサイドカフェを開店した。併せてＬＬＰ化した。シニア４夫婦で営む手作り燻製のコミュニティレストラン。運営：川内（代表）夫婦・馬場夫婦・渡夫婦・日高夫婦８名（＋お手伝い）

★ＮＨＫふるさと一番！２００８年4月９日　糸島半島特集～手作りカフェは熟年の知恵

★ＲＫＢ今日感テレビ　２００８年4月９日　新提案セカンドライフ

★ＮＨＫ生活ホットモーニング\　２００８年9月１７日

ベイサイドカフェ前傾

内部

アフタヌーンセット
（糸島サラダ・手作り燻製―チーズ・卵・鶏むね・ウインナー）・パンスコーン、ネルドリップコーヒー・デザート）
￥１０００

詳細は、下記参照。

ＮＰＯ法人ＮＡＰ福岡センター・福岡県協働「地域課題の解決に向けた高齢者の能力活用事業（平成１９年福岡県ＮＰＯ提案事業）より一部抜粋

第3章 CB起ち上げ事例の紹介

事例④ 海を見ながら、CB
大人のカフェを共同経営

いとしまbaysideくらぶ

始まりは交流会からの情報

海を見ながら糸島半島の海岸線をドライブすれば、福岡から40分で志摩町芥屋に到着します。
伊都ハイランドパークの別荘の門をくぐると、美しい花の咲き乱れる瀟洒なCafeがあります。ここがこれからご紹介する4組の熟年夫婦が働いている『いとしまbaysideくらぶ』です。テラスからはきれいな引津湾の海が見えます。糸島の地域交流会で出会った仲間が、「いとしま体験クラブ」とはちがう、糸島らしいビジネスプランがないかと考えていたところ、諫早の地域交流会から、「アイガモ農法で米を作っている農家が、アイガモを活用してくれるところを探している」との情報を貰いました。そこで『いとしま体験クラブ』の燻製教室で学んだ燻製の技術を使って「アイガモの燻製」を始めることにしました。燻製にしたアイガモをどうやって売りだそうかと言う段階で、Cafeを作りランチを出す企画が生まれ、メンバーの一人日高さんが土日だけ開店していた『アートカフェ日高』を使うことが決まりました。海の見えるカフェということから店の名前を『いとしまbaysideくらぶ』とし、4組の夫婦でスタートしました。事業の組織形態は任意団体ですが、お聞きした運営法はワーカーズコレクティブのようです。

無理なく、愉しく、かっこよく

『アートカフェ日高』の家具や食器をそのまま使わせてもらうことになりましたが、店内の改装はみんなで力をあわせました。「無理をしない」が基本ですから、出資金は一組3万円でした。12万円で買ったのは、手作り燻製器の材料等。中でもシェフコートは全員一致で、どうせやるならカッコよくやらないと愉しくないよねという決議でした。カフェのコンセプトを「出会いと仲間づくり」と決め、居心地のいい大人のサロンとして、気軽に遊びに来ることの出来る場所を目指しているのだそうです。なぜなら家に閉じこもりがちな団塊・シニア世代を引っ張り出すことが、4組の夫婦の経験から生まれた地域貢献のミッションだからです。海を見てブランチを楽しみながら、自然に新しい出会いが始まっていくことが理想です。ステンドグラスの教室がありますよ、ハーブのことを知りたいので教えていただけませんか、旬の野菜やお魚でこんなお料理が出来ますよと話が弾み、お互いが先生になって小さなサークルが生まれる。好きなことを好きなように愉しむ出会いの場、そんなイメージです。

Page26

まだまだ、発展の可能性大

働き方は4組の夫婦がペアで1日オーナーとなる、"日替わりシェフ"方式です。月曜定休で、ウィークエンドを日高さんが受け持っています。担当は11時の開店前に出勤し、掃除と仕込みをします。開店すればシェフとホールスタッフになり、注文をとったり料理をしたりしながら、お客さんとの会話を楽しみます。もちろん、初めての体験ですから、ちゃんとマニュアルを作り、研修をしました。夫たちには全く未知の世界であり、家では何にもしないという人もいるのですが、仕事として関わることで割り切っています。まだまだ素人の新米オーナーですが、誠実に取り組む感じがお客さんには受けているようです。話しをしようにも共通の話題がないことが多いのが熟年夫婦のパターンですが、オーナーも、お客さんも他人を交えていることでとっても話が弾むようです。お奨めメニューは手作り燻製つきのアフタヌーンティー、1杯立てネルドリップコーヒー、紅茶、ケーキセット等。お客さんにメンバー登録を無料でお願いし、1000円分の飲食珈琲割引券を渡しています。イベントの連絡などを効果的に行うためです。ビジネスのアイデアが豊富なのが、昔とった杵柄ですね。野菜はメンバーが育てた無農薬野菜。燻製は男性軍、ケーキはメンバーの娘さん、デザートは女性軍の手作りです。自然素材にこだわり、無添加・手作りがbayside料理の基本だそうです。売り上げから光熱費、材料費を引いた利益を8人の時間給として折半します。目標は時給1000円だそうですが、10月3日にオープンし、この月の売り上げは26万円だったそうです。

【取材後記】 出かける場所がある・そこに仲間がいる・自分の仕事がある・それが人の役に立っていることで、幸せを感じられる理想的なCBがここにあると思いました。まず大切なのは仲間と気持ちの充実で、お財布の方はやがて膨らめばいいかなという、気分のよさが伝わってきました。そこが、愛される秘訣かも。(辻)

データ いとしまbaysideくらぶ

[連絡先] 〒819-1334 福岡県糸島郡志摩町岐志1513-4
伊都ハイランドパーク内
<Tel&Fax> 092-328-1677
<E-Mail> 8@itoshimabaysideclub.com
it@artcafehitaka.com
<URL> http://itoshimabaysideclub.com/
[アクセス] 昭和バス芥屋線 岐志から徒歩10分

（3）ベイサイドカフェ（２０１４年～２０１５年）

（馬場２＋日高２）

より手作りにこだわったカフェへ、その後茶味亭と合流。

糸島コミュニティカレッジの窓口を併用

３．届け隊福岡ＬＬＰ（２００８年～休眠中）

大野城市南ヶ丘は高齢化団地であり、スーパーが閉店して買い物難民状態となり、自治会を主体に朝市を開催しており、野菜はＪＡ朝倉から運んでいるが、魚がなく糸島の魚を是非届けてもらえないかとの自治会長始め役員さんが何度も糸島に来られるなど強い要望があった。大野城市の市議会議員経由での話で、ＪＦ糸島に相談に伺ったところ、一般には民間、団体には魚は販売していないが地域活動で特別に供給して頂ける事となった。ただ、運搬などには人は出せないと事で、他の手段もなく、新たに輸送販売ができる団体を急遽設立し対応することとした。春日市在住の若者夫婦と親夫婦４人と糸島の３名の合

計７名でＬＬＰ（有限責任事業組合）形式とした（都会：糸島＝４：３、男性：女性＝３：４）。２台の車に移動販売許可。朝５時に糸島漁協冷蔵倉庫で引き取り、１時間（４６Ｋm）かけて大野城市南ヶ丘４丁目南が丘２区公民館へ、出荷者と役員さんでテント張りなど準備をして、６時３０分から販売開始。開店と共に多くのお客さんが買っていただいた。

大宰府ふるさと館

福岡市南区

この南ヶ丘土曜朝市は、地元商店、ＪＡ朝倉、糸島無農薬野菜グループ等でお客さんは地元南が丘の方々と近隣の方々。魚は、頭落とし、腹だし鱗どりが必要なので、公民館の調理室をかりて行った。当初は、２０箱ぐらいの魚が１時間で８万円以上売れ、その他を含め１２万位と順調だったが、魚屋さんが出来たりして、その後売り上げが低下した。この時点で、当初の目的は達したと言える。

又特に冬季は時化が多く２週間全く漁ができないときがあり、魚は超逸品ながら事業の安定性に問題があった。時化の時の対応等種々問題があり、独立採算制に移行したりしたが最終的には廃業した（解散時の配当は出来なかったが、働いた分で賄う事となった）。＊姫島の定置網（大敷網）の魚は通常の魚と異なり超新鮮であり、魚は〆てあるが、イカなどは生きたままである。さらに言えば、時間前に港から網のところに行き、網を上げたら直ちに港に戻りは箱詰する（通常の漁は朝出て漁をして夕方帰るがこの間生け簀で置かれる）。南が丘朝市の他、大宰府市ふるさと館、福岡市中央区警固ファーム、福岡市城南区原５丁目公民館（板井さん宅）の他、春日市・大野城・福岡市の大型マンション群等に広げ、新鮮な魚は喜ばれた。
企画的には良かったので何か手を加えれば、継続は可能だった。

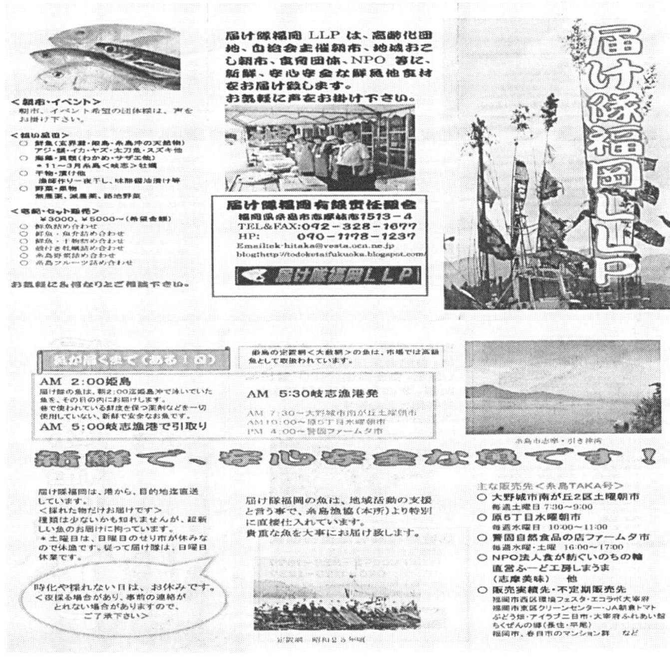

＜朝市・イベント＞
朝市、イベント希望の団体様は、声をお掛け下さい。

＜扱い品目＞
○ 鮮魚（玄界灘・姫島・糸島沖の天然物）アジ・鯛・イカ・ヤズ・太刀魚・スズキ他
○ 海藻・貝類（わかめ・サザエ他）＊11～3月糸島＜岐志＞牡蠣
○ 干物・漬け他　漁師作り一夜干し、味醂醤油漬け等
○ 野菜・果物　無農薬、減農薬、路地野菜

＜宅配・セット販売＞
¥3000、¥5000～（希望金額）
○ 鮮魚詰め合わせ
○ 鮮魚・魚介詰め合わせ
○ 鮮魚・干物詰め合わせ
○ 殻付き牡蠣詰め合わせ
○ 糸島野菜詰め合わせ
○ 糸島フルーツ詰め合わせ

お気軽にお尋ねなりとご相談下さい。

届け隊福岡 LLP は、高齢化団地、自治会主催朝市、地域おこし朝市、食育団体、NPO 等に、新鮮、安心安全な鮮魚他食材をお届け致します。
お気軽に声をお掛け下さい。

届け隊福岡有限責任組合
福岡県糸島市志摩岐志1513－4
TEL&FAX:092－328－1677
HP: 090－1178－1237
Email:tek-hitaka@vesta.ocn.ne.jp
blog:http://todoketaifukuoka.blogspot.com/
届け隊福岡ＬＬＰ

届け隊福岡LLP

魚が届くまで（ある１日）
姫島の定置網＜大敷網＞の魚は、市場では高級魚として取扱われています。

AM 2:00姫島
届け隊の魚は、朝2:00迄姫島沖で泳いでいた魚を、その日の内にお届けします。
巷で使われている鮮度を保つ薬剤などを一切使用していない、新鮮で安全なお魚です。
AM 5:00岐志漁港で引取り

AM 5:30岐志漁港発
AM 7:30～大野城市南が丘土曜朝市
AM10:00～原5丁目水曜朝市
PM 4:00～警固ファーム夕市

糸島市志摩・引き津湾

新鮮で、安心安全な魚です！

届け隊福岡は、港から、目的地迄直送しています。
＜採れた物だけお届けです＞
種類は少ないかも知れませんが、超新しい魚のお届けに拘っています。
＊土曜日は、日曜日のせり市が休みなので休漁です。従って届け隊は、日曜日休業です。

時化や採れない日は、お休みです。
＜夜採る場合があり、事前の連絡がとれない場合がありますので、ご了承下さい＞

届け隊福岡の魚は、地域活動の支援と言う事で、糸島漁協（本所）より特別に直接仕入れています。
貴重な魚を大事にお届け致します。

定置網　昭和25年頃

主な販売先＜糸島TAKA号＞
○ 大野城市南が丘2区土曜朝市　毎週土曜日 7:30～9:00
○ 原5丁目水曜朝市　毎週水曜日 10:00～11:00
○ 警固自然食品の店ファーム夕市　毎週水曜・土曜 16:00～17:00
○ NPO法人食が紡ぐいのちの輪　直営ふーど工房しまうま（志摩美味）　他
○ 販売実績先・不定期販売先
福岡市西区環境フェスタ・エコラボ大宰府
福岡市東区クリーンセンター・JA朝倉トマト
ぶどう畑・アイラブ二日市・大宰府ふれあい館
ちくぜんの郷（長住・平尾）
福岡市、春日市のマンション群　など

大野城市南が丘２区公民館朝市

大野城市南が丘２区公民館朝市

届け隊福岡ＬＬＰの拠点・糸島市岐志港（糸島漁協本所）（日高の故郷である）

◆フォーNET　２００９年３月号

もう団塊とは呼ばせない！新現役の素顔

ビジネス化へのハードルに挑戦中「鮮魚を高齢化団地に届けよ！

届け隊福岡ＬＬＰ（有限責任事業組合　代表　日高栄治

◆コミットスタイル　福岡コミュニティビジネス応援マガジン　２０１２年　新春号

「糸島の新鮮な食材を、買物難民地域へ届けたい！

届け隊福岡ＬＬＰ（有限責任事業組合　代表　日高栄治

４．糸島よかもん創り（稲留工房・２０１２〜２０１６年）

平成２５年度市民提案型まつづくり事業で「糸島の地域資源を活かした名産品創りのシステム作り」終了後、具体的に進めるために糸島よかもん創りを設立。稲留工房で惣菜（許可取得）を含め糸島の名産品作りを開始した。

併せて、イベントを月１回開催した。

◆糸島よかもん創り結成

メンバー：藤川（代表）、高嵜（副代表）、日高（栄）、日高（和）、西

水揚げ日本一の糸島鯛を使った「鯛燻」

餅つき大会

糸島コミュニティ事業研究会例会

詳細は、「糸島市市民提案型まちづくり支援事業」を参照願います。
その後の開発商品です。

濡れふりかけ

イワシの竹ぬか炊き

テンペ（オーガニック）、生姜シロップ（オーガニック）、ザワークラウト、弁当、総菜、燻製など製造販売をして販売先を増やしていたが、一緒に（シェア）やっていたボート関係の事業が問題となり（農産物加工場施設）、それならとここを引き払い、夫々で事業を進める事とした。（惣菜が出来なくなった）

5．奇跡の芥屋あおさ（２０１０年〜）

夏は人気の芥屋旅館街

綺麗な海に育つ

芥屋地域つくり協議会ボランティアでアオサ除去に参加していたが、有効活用を目的に、活用されていない（食べられないと思われている）あおさ（アナアオサ）の商品化検討。あおさ海苔（ヒトエグサ）と異なり、フタエグサ。糸島にはこのアオサを採っている人は居ないことから糸島漁協のご厚意で特別に試験採取を認めて頂いています（毎年伺い中）。

毎年6月の大潮に漁協・旅館・地域共同清掃
（採取の青さは蜜柑山などに）がキッカケ。

採取してよく洗う

1枚1枚天日で乾燥

アナアオサ１ｍにも

採るのは大潮時で簡単

色んな用途が考えられるが、
乾燥・販売が効率的
５ｇ￥１５０（１ｇ￥３０、
１Ｋｇ￥３０，０００）

地元の人が食べないアオサが２万円／Ｋｇで完売するが、多い時（ＭＡＸ）で２トン（燥して２００ｋｇ￥３０００万円となるが取れないときは１００～２００ｋｇの年もあり、安定性に問題があり、ＭＡＸ２トンということから事業にはなり難い。

地元芥屋漁業者の高齢、女性の仕事になればと提案するも今のところはやる人がいない。今のところ、何もなければ試験販売をして用途開発でもしようと思っている。

生業とする人が出てきたら、一緒にやるか、引き継ぐかしたい。
（漁業者以外は採れないのでご注意を）

・・

２０１６０４

アオサ（アナアオサ）の商品化検討結果報告

糸島コミュニティ事業研究会

商品化
（１）採取（綺麗なもの）（２）真水でよく洗う
（３）天日乾燥１日
＊1枚1枚あらい、針金等にかけ一気に乾燥
＊保存は、冷凍か冷蔵必須　販売は常温。

１．アオサは商品化可能であり、具体的な検討を期待致します。

２．６年間種々検討の結果、姿では食べづらく、乾燥粗細品での販売が好適です。

３．乾燥粗細品は伊都菜彩で試験販売し20〜10円／ｇ（約15,000円／Kg）での販売が可能であり、２〜３ヶ月で売り切れています。（乾燥わかめ、ヒジキに勝る単価、料理不要で買いやすい？）

４．芥屋漁協のアオサの量は約２トンであり、限定的ですが乾燥品２００Kgとなり、金額的には、約３，０００万円となります。芥屋の漁協関連のシニア、婦人部等での検討に値すると考えます。少なく見積もっても１００ｋｇ　１，０００万円規模となります。

５．この用途は、“磯の香り”を生かした焼きそば、お好み焼き、パン・菓子、ふりかけ、味噌汁、天ぷら等と考えます。

６．その他、佃煮や海苔ふりかけ等業務用の検討も行いましたが、供給責任や価格的に問題です（海苔屋は１円／ｇ以下）。

７．志摩の四季はアオサノリの販売者があり未許可ですが、漁協関係者なら販売は可能と考えます。

経緯

H10年より、漁協・旅館組合・地域での共同あおさ除去作業を手伝って、捨てるのは勿体なく活用できないかと思い、「あおさ」の

商品化を検討。所謂アナアオサの採取については、糸島漁協本所（吉村参事）並びに芥屋支所の許可を得て実施。（糸島には、当時アナアオサを生業とする人が一人もおられなかった）

「奇跡の芥屋あおさ」（実際の販売は「あおさ」＜奇跡の所以は、①芥屋の綺麗な水②芥屋漁協・観光協会・ボランティア共同作業で行われている5月中旬～下旬のあおさ除去、等があってこそ、状態の良いあおさが採取できることにあり、この何れがなくてもこの商品は出来なかったと考えます＞

この“あおさ（アナアオサ）”は、この地域では食されてはおらず、又量的にも限度があり大きな事業には難があるが、貴重な地域資源として大事に活用させて頂きたいと考えています。是非、量限定芥屋特産品として育成頂きたいと考えます。

普及は、パン、菓子、ふりかけ、キムチ等、「貴重な海の恵み」を大切にと、採取・製品化・試験販売を行っています。

6．ステンドグラス及びステンド普及会（２０００～２０１５年）

退職後、先ずステンドグラスの製造販売を行い、ティファニー、沿線等検討し、ステンド教室などを開催した。障がい者支援施設などで木工、陶芸品を作って販売しているが、安価で販売もなかなか苦労されていると聞く。この為には更に付加価値の高い製品を検討する事も必要であるが、今回は退職者、遣り甲斐等を望む人等がステンド作家になり、サムマネーを得る方法として日用品（超豪華な美術品ではなく、ランプ、小物等）を制作する目的で「ステンド普及会」結成した。ステンドグラス作家は、“芸術”を分けると“術”の世界で、丁寧さと根気があれば可能と考えます。

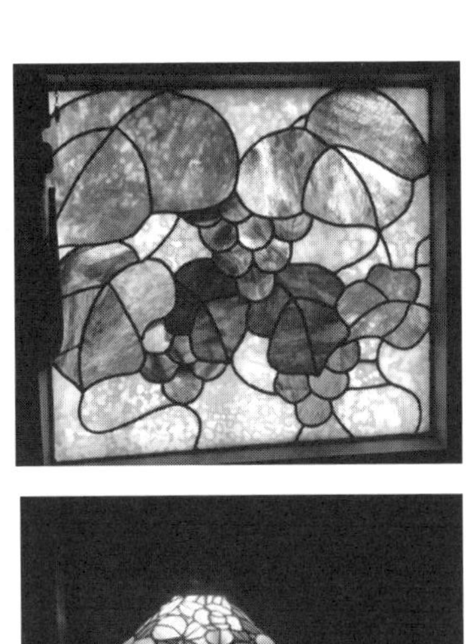

ステンドグラスは、習う機会が少ないが、「色と光のファンタジー」を楽しむには最高の素材であり、趣味や生き甲斐作りも面白いが、事業としても遣り様次第では可能性は充分にあると考える。

７．糸島プロモーション・イトプロ（２０１３年～）

ＮＰＯ、地域団体、中小企業等がポスティングをする時、少量では印刷経費もかかり、難しいのが実情であり、少量から配布でき、適正に配布できるメンバー、方法で配布することを目標に結成した。

リクルート系のポスティング会社を経営している会社時代の友人が経営する会社から、糸島地区でのポスティンググループが出来ないかと相談を受け、一緒にやることとした。主体はこの会社の依頼分であるが、その他糸島地区の会社・グループからの依頼や自治会関係（自治会報、福岡市市政だより、公民館だより、自治協議会だより）等のポスティングを行っている。

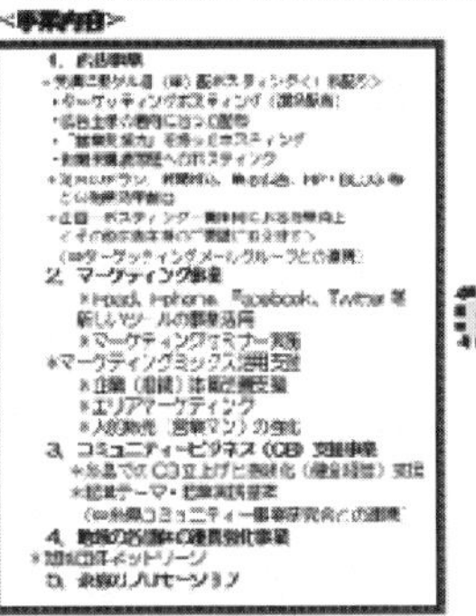

現メンバー：佐土原・宍戸・大石・冨樫・田嶋・板井・日高和・日高（世話人）

現状：⑴範囲

スタート時：糸島市・唐津市・西区・早良区・城南区

追加地区：南区・東区・伊万里・武雄・春日・筑紫野・小郡市・久留米・新宮・古賀・福津・宗像・宇美・志免・那珂川・佐賀・鳥栖等

⑵量　２０～３０万部／月（波はあります）

⑶受注　３S社、福コミ（ジュビランノアント・一力寿司・田園茶屋いとわ・英語塾他）　広報：今宿、西都（自治会、福岡市政だより・県政だより・公民館だより他）

⑷メンバー８～１０名

週２～３日、自分の都合つく時間に配布、健康のためにも良い。今は配付範囲も広くなり、高速を使って遠方ポスティングしています。良い仲間が集まっており、和気藹々やっています。

一般的には、ポスティングは、価値が低い仕事と思い込んでいる人達もいるが、待っている人もおられ重要な仕事だと考えます。仲間の中でも、最初は帽子を深くかぶったり、サングラス、マスクし却って怪しい恰好で配る人もいますが、使命を考えると堂々と配るようになります。又、盛夏、極寒の配布など体力、根気がなくては出来ない仕事です。特に、自治会だより、市政だよりは全戸配布であるが、待っている方があり確実な配布が必要である。私はポスティングが続けれる人を尊敬します。

8．他の活動

（1）糸島市志摩男女共同参画ネットワーク（顧問）

志摩町女性ネットワーク時代より、男女共同参画に取り組んでいます。なかなか具体的には進んではいませんが、意識の改革は少しづつ進んでいると考えますし、今の若い人は共同参画の考えが浸透してきています。今後、男女、老若、貧富、障がい等を超えた全ての人達が、思いやりのある社会で明るく暮らせる社会を目指し、少しでも良くなるように生きたいと思います。

・糸島市男女共同参画センターラポール運営委員

令和元年に続き、本年度も運営委員を委嘱されました

（2）福岡県特用林産振興会福岡支部

例会、視察勉強会等に参加

（3）福岡県放置竹林対策連絡会議

令和元年度「純国産メンマ作りによる竹林整備」を講演させて頂きました。

（4）糸島くるくるマーケット

環境問題をテーマに開催されており、設立時より、竹林整備、糸島魔法の竹ぬか床m糸島竹パウダー、糸島めんま等、春秋のイベントに参加しています。

（5）いとしま暮らし市

令和元年に始まりましたが、糸島魔法の竹ぬか床、糸島竹パウダー、糸島めんま等を展示販売しています。

（6）浄土真宗本願寺派青陽山海徳寺（総代）

糸島に戻って以来、会計などをお手伝いしていますが、現在総代をさせて頂いています。

ご聴聞に努め、「開かれた、皆が集まるお寺」を目指したいです。

（7）三菱化学染色ＯＢ会

２年に一度、主に黒崎にてＯＢ会を開催してしている。私にとって４０年前の職場ながら懐かしく楽しい会である。遠く

は東京、名古屋、大阪等から集まり、４０年前に戻り語らうのが楽しみ。

（8）三菱化学九州支社ＯＢ会　（幹事）

九州支社ＯＢ会であり、年2回集まっている。メンバーは自治会長、シニアクラブ会長、民生委員、保護司等活躍している。又８０前で年５０回ゴルフ等をする猛者もいて楽しい。

地域活動につきましては、ボランティア、事業等種々あり、又数件を並行して進め、最終的には竹ぬか床、竹パウダー、純国産メンマに繋がったが、その他項目についても、やり方等考えれば充分可能性のある事業を含んでいます。

是非、地域課題を自分たちで解決する「コミュニティビジネス」の考え方で、各地域、各課題に合わせてご検討賜りますようにお願い致します。

先にもふれたように、糸島コミュニティ事業研究会並びにアプレ（有）の報告内容、技術につきましては、「公開」を前提に行っています。

若し不明の点は何でもお申し出ください。

【6】糸島市市民提案型まちづくり支援事業

＊当時のデーターをそのまま使用しています。

糸島市では、地域における様々な問題や課題に対し、市民団体の専門性、迅速性を生かして地域の活性化や課題解決を図ることを目的として、市民提案型まちづくり事業を行っています。　毎年、提案事業のうち審査の結果、約１０団体前後の市民団体やボランティアグループの取り組みに助成をしており様々な事業がとり進められています。

糸島コミュニティ事業研究会では、「地域課題を地域の人達が主体となって地域資源を活用し、ビジネス手法を活用して解決を図る＝ＣＢ」を推進しており、活動の趣旨に合致していることから平成２４年度より参画しています。

本来、補助金、助成金に頼らない活動を行っていますが、特に事業化の立ち上がりの起爆剤として、又市との協働の重要性、メリット等から応募しました。

１．糸島竹糠床のブランド化（Ｈ２４年度・２０１２年）

経緯：平成２３年糸島コミュニティ事業研究会に地元企業より竹パウダーの用途開拓の依頼があり、検討項目に取り上げた。丁度、その時、開設2年は所謂机上の検討を行った後、具体的なテーマについて検討する方針としたおりで検討開始したが、その当時竹パウダーの主な用途は土壌改良剤が主体でり、我々は付加価値の高い“食”での活用を目指した。

（1）竹ぬか床検討

玄菱エレクトロニクスからの情報でぬか床への可能性があるとの事でしたが、現代農業に竹治孝義氏の記事が掲載されており、これがキッカケとなりました。

★現代農業　２０１０年４月号　巻頭特集　乳酸菌大活躍
　竹パウダー漬け床（竹治孝義氏）

当初、使いやすい冷蔵庫保存型の竹ぬか床で検討。米ぬか：竹パウダー＝５０：５０で常温で作成し問題なく製品化が出来、届け隊福岡ＬＬＰの朝市で試験販売した。販売は、使い易いチャック付きの容器で、冷蔵使用とした。販売結果は良好でお客様もついていたが、お客さんのご意見として「味が浅い」等があり改善する為に米ぬかの比率を５０％から６０％に上げた。ただ、旧来のぬか床とは、同じではなく、本質的に違うものとも言える。又、聞き取りをしたが、漬物屋さんに試食してもらうと「浅い」「青臭い」「竹臭い」等々厳しい意見が多かったが、一方、ぬか漬けをやってない人達に伺うと「爽やか」「今迄のぬか漬けより好き」等と心強い意見があり、同じものではないが、それぞれ特徴があるものだと考えた。従来のぬか床は、ぬか１ｋｇに水約１ｋｇを加え、発酵させますが、竹ぬか床は竹の給水（保水）率が高く、水は多めになる。ある程度の、検討を行ったが“旧来のぬか床の改良版”として可能性があり、このまま販売を続けるより、糸島市の市民提案型まちづくり支援事業に応募し、大きくキッチリ育てたいと考えた。

事　業　報　告　書

<table>
<tr><td>1　事業名</td><td>「糸島竹糠床のブランド化」</td></tr>
<tr><td>2　実施期間</td><td>平成２４年6月からＨ２５年3月３１日迄</td></tr>
<tr><td>3　事業目的・内容</td><td>「糸島竹糠床のブランド化」
1. 糸島産竹パウダーを使った竹糠床製造と販売の確立
（１）開発プロジェクト設立並びに製造技術の確立
（２）ブランド化を達成する為の販売方法と体制確立
糸島を代表する製品への育成</td></tr>
<tr><td>4　事業の結果・成果</td><td>1. 糸島産竹パウダーを使った竹糠床製造と販売の確立
（１）開発プロジェクト設立並びに製造技術の確立
先ず「糸島竹糠床プロジェクト会議」を設立し、企画・技術・販売などにつき検討を開始した。製造技術については、組成等検討の結果問題も少なく早期の確立ができた。
（２）ブランド化を達成する為の販売方法と体制確立
①地域における糸島竹糠床の啓蒙
地域の啓蒙を目的とした「糸島竹糠床勉強会」「糸島竹糠床作り教室」等を行った。当初からチラシなどでPRしたものの、浸透に時間がかかった。８月の西日本新聞掲載、９月のＴＶ放映、「糸島竹糠フォーラム」を機に少しずつ知られる様になってきた。
②モニター募集とモニターによるアンケート実施
・糸島市内、県内、県外のモニターに「糠床に関するアンケート（回収６３名）を実施、竹糠床試用希望者にサンプル提供し「竹ぬか床に関するアンケート(回収５７名)」を実施した。
・九大佐藤剛史先生の紹介によるモニターも実施。１次、２次合わせて全国４１名の方に竹糠床を使った竹ぬか漬けについて「ｆａｃｅｂｏｏｋ」にて評価について情報交換を実施。若いお母さん方等のアンケートは今後の方向性(子供達への可能性)をだして頂いた。多くの方の協力を得、多くの知見を得る事ができた。
③販売アドバイザー制度設立
この商品は売って終わりではなく、使い始めてからの適正使用と楽しく使ってもらう事で長期使用が可能であり、その為のアフターフォローが不可欠であり、Ｑ＆Ａ等の充実と共に</td></tr>
</table>

「アドバイザー」による適正使用の啓蒙を行う事とした。

④糸島竹ぬかフォーラム等学習会の継続開催
9月に続き、3月「第2回糸島竹ぬかフォーラム」を開催し、9月は竹糠床の紹介と販売の可能性を、3月は竹ぬか漬けの可能性（食育等）に予想以上の成果を得たと確信しています。　今後とも、竹ぬか床に関する勉強会は必要であり、年1回の継続開催を是非実施し地域のレベルアップを図りたい。

⑤多チャンネル販売網確立
・当初より「ｆａｃｅｂｏｏｋ」等ＳＮＳを使ったイベント案内等を行ってきたが、販売後もＨＰ、ＢＬＯＧ、ＳＮＳを使った「糸島竹ぬか床」に関する拡宣を行いたい。現在の販売チャンネルは下記の通り
ＨＰ：「糸島魔法の竹ぬか床」appreshop
ＢＬＯＧ：「糸島魔法の竹糠床」
ｆｂ：「糸島魔法の竹ぬか床」
「糸島魔法の竹ぬか漬け」お客様との交流
「稲留工房」他
＊ＳＮＳのネットワークで効果を発揮
・地域産直店（伊都菜彩、志摩の四季、にぎわい市場他)、その他販売店（特に業務用、飲食店向け、全国展開）等による販売を開始。

2．糸島を代表する製品への育成
「糸島魔法の竹糠床」は、元々里山整備（竹伐採）を目的に検討開始したが、旧来の糠床の問題点を大きく改善でき（毎日の混ぜ不要、臭み改善）可能性が出てきている、更に旧来の糠床では扱いが困難でメリットが出なかった「物性乳酸菌」「減塩」「整腸作用」「手作り発酵食品」「プロバイオテクス」「スローフード」等健康に関する展開が可能であり、多くの家庭での活用が期待される。ファーストフーズ、油ものに偏った今の食生活を見直すチャンスであり「くらしが変わる糸島竹ぬか生活」をキャッチフレーズに浸透を図っていきたいと考えています。又「糸島魔法の竹ぬか床」は一旦購入されると、台所などに継続使用されると言う特性を持つ

	製品であり、定期的な「たしぬか」の販売に合わせ「糸島の野菜や名産品」の併行販売が可能であり、糸島ブランドの中核に成り得る商品です。＜糸島の商品が台所等に５年、10年、１００年存在する＞ 「一商品」のブランド化が半年や一年でできるとは考えていません。多くの方々のネットワーク構築、連携しながらの地道な活動が必要と考えています。「糸島ブランド」つくりの一端を担っていきたいと思います。

◆西日本新聞　Ｈ２４．８．１９

「かき混ぜ不要　減塩効果も　竹粉末で楽々ぬか床」

平成２４年度糸島市市民提案型まちづくり支援事業

「糸島竹糠床のブランド化」

第２回糸島竹ぬかフォーラム「くらしが変わる糸島竹ぬか生活」

開催日：２０１３年3月9日

場所：糸島市健康福祉センターふれあい

コーディディネーター：九州大学　佐藤剛史先生

事例報告：北川みどり（CookingRoomHappa　代表）

中井なみ（Homeherb&2H.教室主宰）

宮成なみ（楽しい食卓株式会社　代表取締役社長）

事業開始にあたっては市場規模等事前の幅広い確認が必要です。特にミッション（使命）、事業規模、対象、継続の可能性等をぬけなく事前確認すべきです。項目等は状況により追加下さい。

＊ブランド名「糸島魔法の竹ぬか床」は佐藤剛史先生に命名頂きました。

糸島コミュニティー事業研究会ＣＢ分類基準

（各テーマの **CB** としての位置付けを確認する）

1．起業前、事前の評価	A
2．起業後、事業評価	AA

評価事業：【 糸島竹糠床のブランド化】

評価日：平成２４年月２０日

ＣＢ定義：地域の課題を、地域の人達が主体となって、ビジネス手法を生かして解決していく事業
<社会性・事業性・新規性>

分　類	大項目	項　目	評価	項　目	評価	項　目	評価	備考（追加評価）
	活動分野	産業振興	◎	保健・医療・福祉		地域文化	◎	1．新規名産品
	（地域課題）	地域ﾌﾞﾗﾝﾄﾞ化	◎	環境改善・資源保全	◎	雇用創出・促進	○	2．里山作り支援（竹Ｐｗ用途開発）
主に		地域資源発掘	◎	高齢者・障害者支援		世代間交流	○	3．発酵食品の見なおし
＜起業前＞		地域活性化	◎	子育て支援		交通		
評価・分類		地域興し	◎	食育	◎	生活支援		
＊可能性含		コミュニティー再生	○	生産・消費ｺｰﾃﾞｨﾈｰﾄ	◎			
		地域交流	○	観光推進		生き甲斐遣り甲斐	○	
	活動の主体者	地域住民	◎	高齢者	○	若者	○	1．地域住民による事業化
		主婦	○	障害者	○	その他	○	
	活動範囲	糸島市内	◎	福岡県	○	全国	○	1．糸島から全国へ
	事業形態	株式会社	○	LLP(有限責任事業組合)	◎	NPO法人	◎	1．形態を問わない
		任意団体		一般社団法人	◎	その他		
＊事業化後は確認・評価用	事業規模（万円／年）	大(1000以上)	○	中（1000～100)	◎	小(100以下)		
	参加者規模	大（10人以上）	◎	中（10～３人）		小（2～１人）		
	事業の継続性	有り	◎	中		厳しい		
	新規性	有り	◎	無し		公共性		

<糸島魔法の竹ぬか床の組成、製造方法>

組成、製造方法等は、全て開示しています（多くの方にやって欲しいです）。

「糸島竹魔法の竹ぬか床」

糸島で開発された「糸島魔法の竹ぬか床」は、旧来のぬか床の課題を解決した 新しいぬか床として期待されています。

<糸島竹ぬか床の組成>

No	材　料	g	備　考
①	米糠	280	
②	竹パウダーDRY	186	WETの場合は換算
③	昆布DRY	1	
④	唐辛子DRY	1	
⑤	生姜	10	DRYの場合は1g
⑥	天然塩	58	＊塩水を煮沸し冷却後加える。
⑦	水	464	
⑧	捨て野菜	―	キャベツ(1～2枚)等
	合　計	1000	

作り方

1. ビニール袋に米糠①と竹パウダー②並びに③、④、⑤を入れよく混ぜる。
2. 捨て野菜⑧を入れよく混ぜて塩水を少しずつ入れながら混ぜる。

★発酵時間：春秋4週間（夏2週間、冬2ヶ月）

漬け方・食べ方：野菜は、塩で軽く揉んだ後入れ、1晩漬けて、洗ってから食べる。
定番のキュウリ、人参の他、ゆで卵、ミニトマト、パプリカ等も好評です。

アプレ有限会社　〒819-1334 福岡県糸島市志摩岐志1501－29　TEL&FAX　092-328-1677

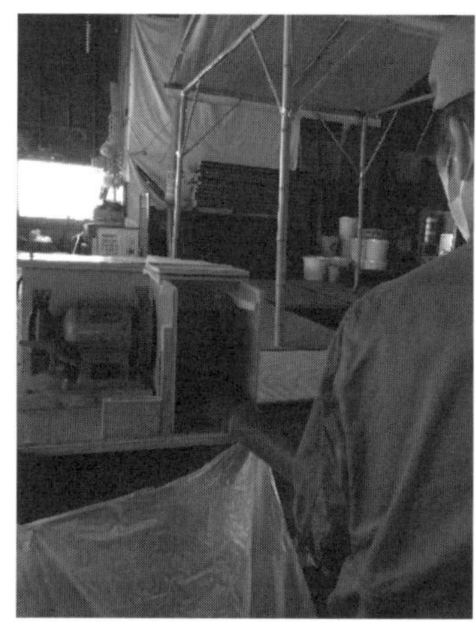

自製竹パウダー製造機

竹ぬか床製品化

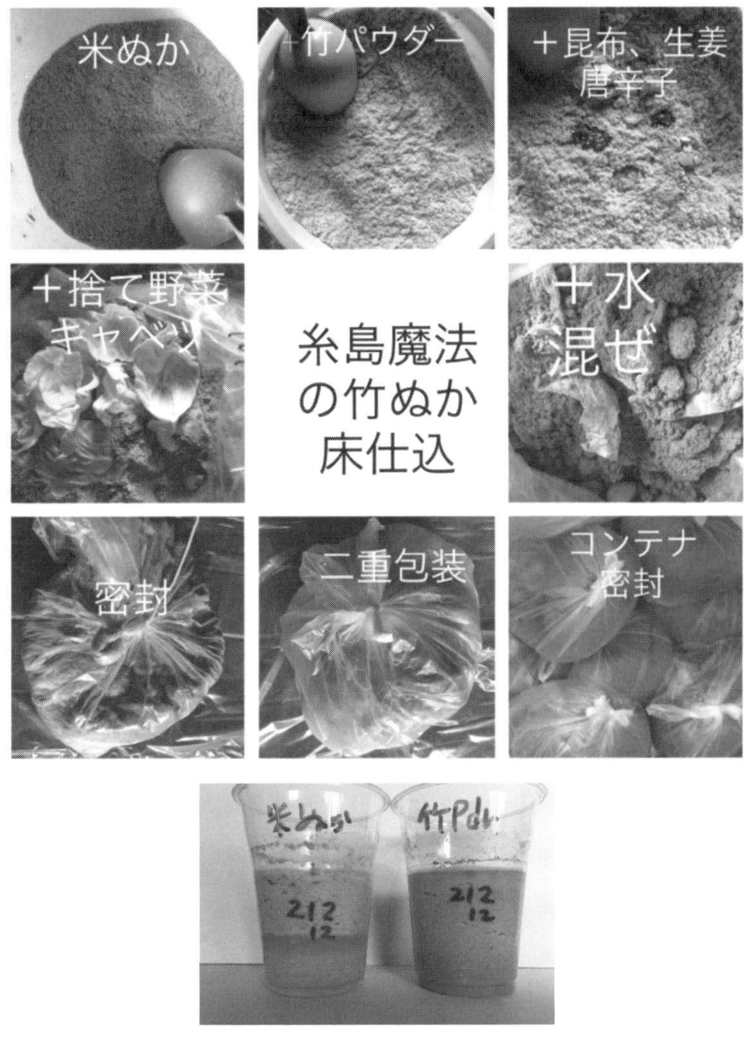

竹ぬか床の特長をもたらす力は、米ぬかに比し、竹パウダーの水分保水力が高いことから竹ぬか床が通気性が良くなり、混ぜを必要とする酪酸菌が出来ない事、水抜きが必要ない事、駄目にならない事が達成される。(旧来のぬか床は糠の油が悪影響している？竹の形状が良い影響をおこす等言われていたが、竹の給水力（保水力）が、混ぜない、水抜き不要、酪酸菌出来難い、⇒駄目になり難いと考える）

糸島魔法の竹ぬか床

熟成１ｋｇポリ容器入り（￥１０８０）・たしぬか５００ｇ（￥７５６）

糸島魔法の竹ぬか床

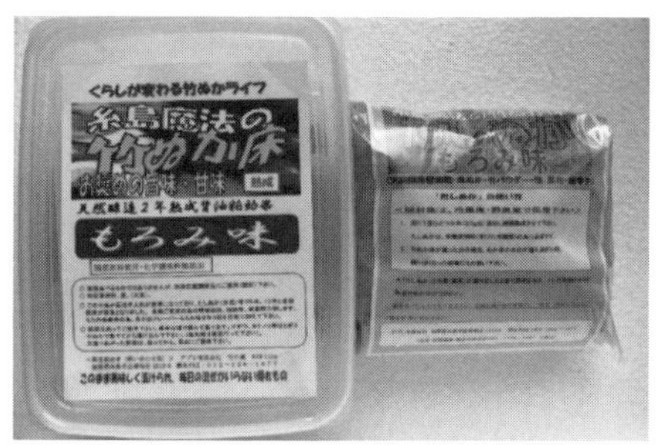

熟成もろみ味１ｋｇ（￥１２９０）・たしぬかもろみ味（￥８６４）

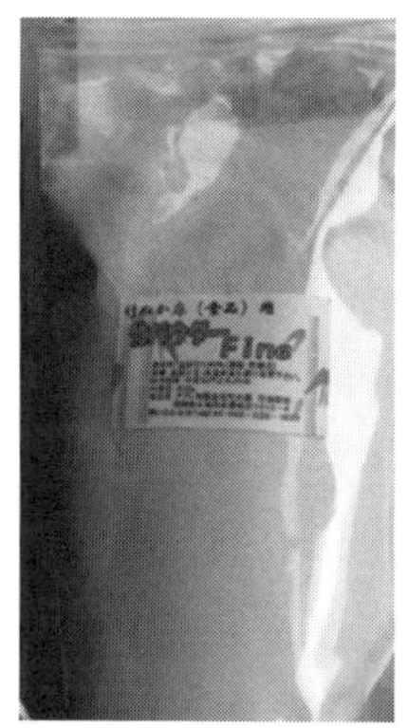

竹パウダーFine４００ｇ（￥４８０）・竹パウダーSuperFine　８０ｇ（￥２１０）

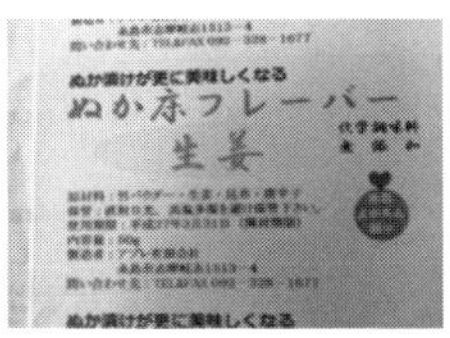

ぬか床フレーバー　２０ｇ　￥３２０（柚子・山椒・カボス・生姜）

たしぬか１回分の竹パウダー入り

いざというとき、なかなか手に入らない柚子、山椒、生姜、カボス等を準備しています。か漬けがとっても美味しくなります。

竹パウダー検査結果　２０１７０７３１　appre

＜竹パウダー　Super Fine＞

●食物繊維８５％：⇒特に食用に供する為の特長となる。

●栄養成分他

エネルギー	２１１Kcal／１００ｇ
たんぱく質	１．５ｇ
脂質	０．５ｇ
炭水化物	８９．９ｇ
糖質	１０．３ｇ
食塩相当量	０
灰分	１．４ｇ
水分	６．７ｇ

竹糠床用竹パウダー（粉、微細チップ）規格　H26.3.15、H26.12.10改

＜自主規格＞　糸島コミュニティー事業研究会

アプレ有限会社　日高栄治

「竹糠床用竹パウダー」の品質確保の為、下記規格を設定し品質の確保（食用規格＜糠床用＞、粒子、衛生面等）を行いたい。

＜糠床、漬物に関する状況＞

糠床製造販売の「許可」不要・・但し表示は要（賞味期限・使用期限などまちまち)、糠漬け製造販売は福岡県は「届出」・・但し表示は要。竹パウダーの糠床使用について「食品用としての製造」されたものが必

要。（米糠、塩、昆布、生姜、唐辛子は食品。水は水道水又は飲料用。）

アプレ（有）買取の、竹パウダーについては下記の基準以上のものを供給願います。

主工程	竹糠用チップ 規格・条件<案>	現状（土壌改良剤）	備考
Ⅰ材料管理	1．材料の竹は、青竹で採取2週間以内。 2．農薬等薬品の影響を受けてないもの。 3．泥砂、その他の付着物が無い事（洗浄、エアガン洗浄、アルコールティシュ拭き、ブラシ磨き等）	不問 不問 不問	使用期限は1ヶ月。 その他、目視でカビ、枯れ、腐敗部が無い事。 ＊水洗い（ブラシ洗浄） ＊布巾ふきあげ
Ⅱ粉砕	1．清潔管理の室内 2．作業中の異物混入の対策 3．特に製品採取の異物管理等に万全の体制で行う。 4．直接食べるものではないが、粗大なものが入らないようにする。（1mm以下）	不問 不問 10-5mm ～微粉 （糠よりはるかに小さい物迄まちまち）	室内用服装、靴等 異物混入厳禁 ＊濾し2mm網
Ⅲ乾燥	1．乾燥は専用機又は室内外問わず清潔に行う。	不問（室外、土間等）	
Ⅳ包装保管	1．使用期限を明記 ①未乾燥の場合は3日以内<→竹ぬか床> ②乾燥品の場合は6月<竹ぬか床、たしぬか、竹パウダー、フレーバー> 2．その他　食品の条件	 未記入（1年） なし	＊糸島CBでは2日以内使用希望（生産後直ぐに糠床化）
その他	精米（糠採取）条件を上回る事		

食用竹パウダーの規格等は未だないが、ぬか床用（食品企画）としての品質を確保する事、その他問題が発生した場合は、お互いが誠意を持って対応する。

青竹、竹パウダーの価格について

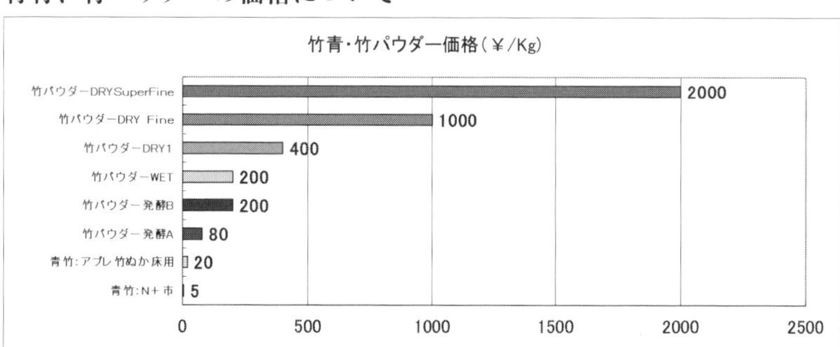

青竹の価格は、全国で購入販売されているが安く￥２～７／ｋｇと安価である。

現状は、買う側の要望が通っているからで、売る方が価格提案などしていかないと更に安くなってしまう。売買は相場であり、双方の力関係で決まるがもう少し高めに設定して欲しい。竹ぬか床では、２ｍの青竹を￥２０／ｋｇで購入していたが、現在は竹パウダー（wet）￥３００／ｋｇで購入している。これでも充分やっていける。竹パウダー（wet）も価格は色々（大きさ等）だが、一般には￥６０～３００／ｋｇ（土壌改良）であり、より付加価値の高い商品の開発が望まれる。

現在販売中の竹パウダーは粉砕・乾燥のみで食物繊維８５％を含む特長ある商品である。アプレ（有）で販売のＦｉｎｅは￥４８０／４００ｇ（￥１２００／ｋｇ）、ＳｕｐｅｒＦｉｎｅ￥２１０／８０ｇ（￥２５００／ｋｇ）であり、粉砕・乾燥・篩のみで付加価値は高くなる。又竹には「シリカ」を含んであり可能性を感じる素材である。

売る方は１円でも高く、買う方は１円でも安く！というのは常であるが、売る方の用途開拓、価値提示（こうゆう使い方をすれば、収量がいくら上がる、品質がこれだけ上がる、幾ら利益がUPする等）を買い手にＰＲしていく事が必要である。

現在竹の用途開発が積極的に行われているが、土壌改良剤、建設土木材、用等客観的なデーター作りを行い、更に付加価値の高い商品の一層の開発が望まれる。

◆竹ぬか床、竹ぬか漬け教室・セミナー

竹ぬか床は勉強会、セミナーを開催して適正な使用を理解したうえで使用願いたい商品である。「糸島は魔法の竹ぬか床」は駄目にならないぬか床なので、継続使用して頂く必要があり、適正使用を特に厳しくお願いしている。

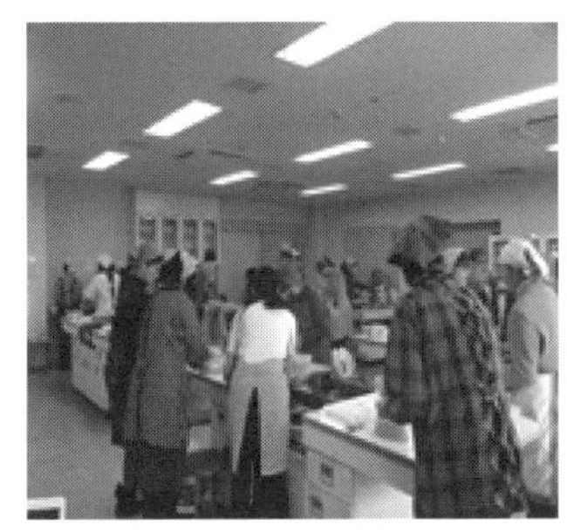

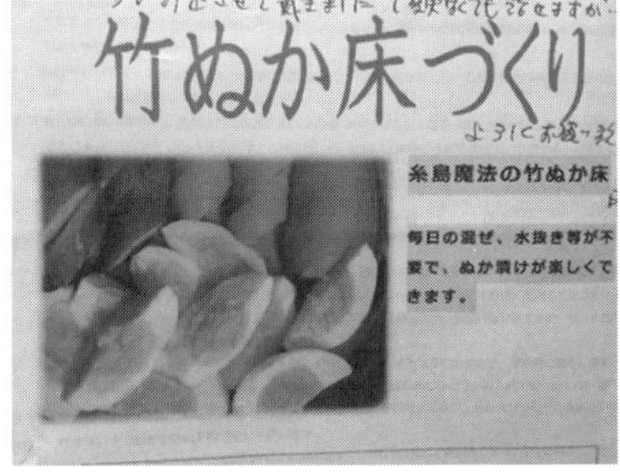

竹ぬか漬け

混ぜたり、駄目にしたりの旧来のぬか床の問題点が改善しており、出来立ての植物性乳酸菌を食べる幸せ、今迄にない茹で卵、パプリカ、ミニトマト等を漬ける喜びを味わって欲しい。

２．地域資源を活用した名産品創りのシステム化

「地域資源を活用した名産品創りのシステム化」（Ｈ２６年度・２０１４年）

団体概要書

団体名	（フリガナ）イトシマコミュニティジギョウケンキュウカイ 名称　糸島コミュニティ事業研究会
団体の所在地	（住所）〒819-1334 糸島市志摩岐志１５１３番地４ （電話／FAX）０９２－３２８－１６７７／ ０９２－３２８－１６７７ （メールアドレス） ek-hitaka　@ vesta.ocn.ne.jp
代表者	（フリガナ）ヒタカ　エイジ 氏名　日高　栄治
担当者	（フリガナ）フジカワ　ミキヨ 氏名　藤川　美樹代 （住所）〒
会員数	２７名（うち市内在住１８名） ※会員名簿は別紙１ご参照下さい。
設立年月 （活動開始年月）	２２年　４月
活動目的・ 活動内容	１．“地域の課題を地域の人達で、ビジネス手法を活用して解決を図る（ＣＢ）”の糸島における啓蒙と実践を行うことを目標にして活動しています。特に積極的な課題の掘り起こしと、豊富な地域資源の有効活用が必要と考えています。 ２．２０１９～２１年度の福岡県と協働したＣＢセミナー（ＮＰＯ法人ＮＡＰ福岡センター）と糸島に

	おけるＣＢ実践経験などを基に糸島の地域課題の積極的掘り起こしとCBによる解決を支援致します。 ３．設立以来、毎月の「研究会（３２回)」と、研究結果（現在５０テーマ）を地域に公表還元する「地域交流会（年１回開催）を行っています。研究会が検討したテーマと結果は、地域の共有財産としてデーターを蓄積しており、誰でも使用可能。 単なる利益主体の１事業にとどまらず、地域全体にメリットをもたらす活動（ネットワーク化）とすることが必要だと考えます。 ※活動詳細は別紙２をご参照下さい。

事　業　報　告　書

1 事業名	「地域資源を活用した名産品創りのシステム化」
2 実施期間	平成２５年６月～平成２６年３月３１日
3 事業目的・（事業計画時に期待されていた）効果	糸島の貴重な地域資源の掘り起こしや名産品創生の方法・手段等をオープンに検討し、名産品化、ブランド化をシステム化する。 糸島で種々進められている商品の他、一歩踏み出せないでいる人たちやその他名産品作りの方々の創造機運を高め、より良くより多くの名産品化が作られる“糸島の逸品創生の土壌”を醸成する。
4 事業実績（日程等）	日時　テーマ　結果 25.06.28　第1回名産化PJ会議（まちづくり事業） 25.07.26　第2回名産化PJ会議 25.08.06　視察（道の駅むなかた、自然食品の店ファーム） 25.08.23　第3回名産化PJ会議 25.08.27　打ち合わせ（自然食品の店ファーム） 25.09.20　打ち合わせ（伊都菜彩）

	25.09.20　打ち合わせ（伊都菜彩） 25.09.27　第4回名産化PJ会議 25.09.29　中間報告、試食会（みちくさ） 25.10.25　第5回名産化PJ会議 25.11.03　くるくるマーケット（CB活動告知） 25.11.22　第6回名産化PJ会議 25.11.30　糸島よかもん創り告知 25.12.20　第7回名産化PJ会議 26.01.24　第8回名産化PJ会議 26.02.28　第8回名産化PJ会議 26.03.01　まちづくり事業報告会・試食講評会<特別後援> 26.03.29　最終ミーティング
5（事業計画時に期待されていた効果に対する）成果	1．糸島の貴重な地域資源の掘り起こしや名産品創生の方法・手段等をオープンに検討し、名産品化、ブランド化をシステム化する目的で検討したが、各工程での考え方、商品化についてのシステム的な考え方は定着したが、最終的な名産化のシステム化は、画一的には出来難い事から、考え方について“検討結果冊子”発刊（２７０冊）を通じ、考え方を提示したい。 2．具体的な名産品候補８品目は夫々糸島を代表する名産品になる可能性は充分あり、この中の幾つかは今後の具体的な販売で「名実共に伴った名産品」となるよう育成していきたい。
6 事業実施における課題等	1．名産品創りの考え方、具体的な商品開発におけるシステム的考え方はある程度浸透したと考えるが、名産品創りのシステム（マニュアル）化は個々の事情問題点があり、今回は確立できなかった。 2．今後、糸島全体にこの考え方、賛同される方を広く集めることが今後の課題です。
7 今後の展開	1．“糸島の逸品創生の土壌”を醸成する為には、前年度開発の「糸島魔法の竹ぬか床」を含め、本年度の開発名産化候補品の販売結果が「ある程度の実績」を示す事、成功する事が必要です。この中の数品目は、春以降具体的な販売を開始しますが、皆様に認められる実績を上げたいと考えています。 2．“検討結果冊子”を糸島内地域団体等に紹介する等活用して、「糸島名産品創り」並びに「糸島ブランド」創生に向け継続的な活動をしたいと考えます。

中間報告試食会（前原みちくさ）Ｈ２５．９．２５

３．竹の市開設ー竹の需要開拓による竹林整備（Ｈ２６年度・２０１４年）

＜平成２６年度糸島市市民提案型まちづくり支援事業

「竹の市開設ー竹の需要開拓による竹林整備」

【事業報告書】

平成２５年度は、糸島の豊富な農漁林産品と糸島の人、文化等を活用し糸島が更に元気になればとの思いで「地域資源を活用した名産品創りのシステム化」を提案、１０品目の名産品作成を具体的に推進しました。詳細は、後述しますが、コミュニティビジネスの観点での組み立ては是非見て頂きたいと考えます。

平成２６年度は、なかなか進まない竹林整備を進める為「竹の市開設ー竹の需要開拓による竹林整備」で青竹、枯れ竹等幅広い竹材の需要開拓を検討し、①**新耕作地化**　②**竹パウダー、チップ**　③**竹炭**　④**国産メンマ**　⑤**美竹林と美食観光**の５事業を提案しました。特にメンマ事業は、竹林整備の新たな策として、又国産化、新食材開発としても有用です。

＜目次＞

3．平成２６年度市民提案型まちづくり事業の目的と結果

（1）提案事業目的と事業計画

（2）事業結果

・竹の市PJ会議　　　・他地区からの視察

・糸島竹サミット　　・マスコミ

4．竹の需要開拓

（1）青竹

（2）晒し竹

（3）チップ・パウダー

（4）竹の子・メンマ・竹炭・竹の皮

（5）枯れ竹・竹林整備

（6）ネット販売・竹ショップ・竹林観光（竹の子、メンマ料理）

5．今後の取り進め

（1）事業の規模と竹林整備

（2）重点事業

①竹林整備事業の確立

②チップ・パウダー事業の確立

③糸島メンマの名産化

④竹林観光〔竹の子、メンマ料理〕

（3）まとめ

1．はじめに

この度、糸島市の市民提案型まちづくり事業に応募させて頂き荒廃している竹林整備の検討を行う事と致しました。この問題は全国的な課題であり、「竹林整備」事業は現在国、県単位で取り進められています。糸島の荒廃竹林が数ヶ月で達成できるとは思いませんが、竹林整備並びに竹事業の「芽」を見つけたいと考えます。特に、竹林は一旦伐採整備しても３年経てば元の木阿弥となる性格上、補助金等で一時的な伐採をしても効果は無く、「生業となる事業」「継続可能な事業」としての事業立ち上げが必要です。

２．糸島の竹林事情

（１）糸島の竹林と侵入放置竹林

糸島も全国と同様に竹林荒廃が問題となっており、対策を前向きに種々検討されております。糸島市報告では竹林面積３６０ha、侵入竹林４５０ha（合計８１０ha）であり、侵入竹林（昔の畑、みかん畑等にはえている竹林）の方が広くなっており、今後とも増加の傾向にあるとの事です。又別の資料では、１２００ha（ＧＩＳ：地理情報システム）との報告もあり、放置竹林が問題となっている。

ｈａ	面積	森林面積	竹林面積	竹林＊
前原	10,450	3,332	194	556
二丈	5,707	3,239	32	291
志摩	5,454	1,877	82	394
糸島合計	21,611	8,448	308	1,241

データは２０００年世界農林業センサスより

＊印は、１９９８年ＧＩＳ：地理情報システム

糸島市の竹の賦存量は２０，０００トン／年と試算されている。（８１０ｈａＸ２５トン／ｈａ）　１２００ｈａとすると３１，０００トン／年。　又金額に直すと、３１，０００トンで１．５億円／年　（竹単価５，０００円／トン）

アプレ買取価格ベース２０，０００円／トンでは６．０億／年となり更に付加価値が増せば一層増加する。あくまで試算ながら、放置竹林と扱われている山に、莫大な資産が存在しており、より有効な活用が必要である。

（２）竹林整備事業の問題点

福岡県竹林サミット等でも竹林整備において、伐採した竹を山に積み上げて朽ちさせている事が報告されている。これは、山からの移動に労賃、経費がなく止むを得ずそのまま放置している状況である。最近の情報では竹林整備を励み伐採を進

めたが山に伐採竹があふれ結局竹林整備そのものが頓挫したとの事例もあり今までのやり方を見直す必要がある。

下記は、Ｈ２４年度福岡県森林づくり活動公募事業（全４２団体中１７団体・竹関係のみ抜粋）であるが、大型の事業（竹の多量伐採を目的としたもの）は、竹チップ化、竹炭であり、各団体が鋭意竹林整備、各種講習会、竹細工等行っているが、イベント、体験を主体とした企画となっている。

又福岡県で竹事業、竹の子事業で著明な八女市、北九州市（合馬）でさえ、竹林の荒廃で竹の子の生産が低下し、竹林整備が必要とされるとの事であり、従来にない新たな付加価値を見い出す取り組みが必要である。特に竹は、継続的な対応が必要であり、早期に「生業となる竹事業」を立ち上げ実践していく必要がある。

３．平成２６年度市民提案型まちづくり事業の目的と結果

（１）提案事業目的と事業計画＜提案時内容＞

テーマ：「糸島竹の市開設：（竹林整備ネットワーク構築と竹の需要再開拓）」

①提案事業の内容（目的）

糸島も全国と変わらず竹林が荒れ問題となっている。多くのグループが竹林整備、里山つくりに努力されているが、まだまだ竹の有効利用が進んでおらず、伐採した竹を山中で朽ちらせている状況である。今回、糸島竹の市を開設し、竹需要の拡大を図り、竹材の販売推進等により糸島の竹林整備、里山つくり団体の活動の支援と活性化を検討する。

②達成すべき目標

ｉ）糸島の竹林整備、里山つくりグループのネットワークつくり。

先ず竹林整備のネットワークを作り、次いで皆が集まる拠点を作り（糸島竹の市）、各団体の交流を深めながら活動の活性化を行う

ⅱ）竹林整備の原動力となる、需要開拓（新規需要創生）を行う。

ⅲ）糸島に「竹」関連の事業創生（多数の事業者の企業創業を促す）。

③効果（事業終了後も含めて）

ⅰ）「糸島竹の市育成」（竹整備ネットワークと需要家の連携の拠点とする）。

ⅱ）糸島に新しい竹ビジネスを誕生、拡大させる。＜竹の需要拡大、販売体制確立、→竹林整備の進展）

＜新たな竹需要の開発案(竹伐採を考えると大量需要が必要＞

①イベント：七夕の竹笹、そうめん流しの筒・・。

②玩具：水鉄砲、竹とんぼ、竹鉄砲、竹笛、竹馬・・。

③生活用品：箸置き、箸、匙、竹コップ、花瓶、竹踏み竹・・。

④工芸品（竹細工）：竹かご、人形、玩具、耳かき、物つまみ・・。

⑤農産資材：土壌改良剤、家畜飼料、家畜舎環境改善・・。

⑥健康食品：高付加価値分野・・。

⑦産業資材等：建築資材等、竹炭・・。

⑧日用品、その他：生活密着品の開発。

等の中から、具体的に進めるものを選択し先行実施。糸島の「竹需要開発」「竹事業」創生の結果、「竹林整備」が大きく進み、合わせて竹産業の一大拠点となり、多くの方々が竹に関わりあう。（大小織り交ぜた需要の開発、種々の竹の活用が必要）

（3）事業結果

①月例会議：竹の市PJ会議、需要開拓会議、竹の市イベント

月日	曜	会議名	場所	参加者
6.27	金	竹の市PJ会議	稲留工房	8名
7.25	金	竹の市PJ会議	稲留工房	6名
8.22	金	竹の市PJ会議	稲留工房	8名
8.24	日	竹の市	稲留工房	4名
9.26	金	竹の市PJ会議	稲留工房	14名
9.28	日	竹の市	稲留工房	4名
10.24	金	竹の市PJ会議	稲留工房	10名
10.26	日	竹の市	稲留工房	5名
11.02	日	糸島くるくる展示	志摩中央公園	50名
11.23	日	竹の市	稲留工房	4名
11.28	金	竹の市PJ会議	稲留工房	7名
12.26	金	竹の市PJ会議	稲留工房	9名
12.28	日	竹の市（餅つき）	稲留工房	60名
1.23	金	竹の市PJ会議	稲留工房	5名
1.25	日	竹の市	稲留工房	6名
2.22	日	糸島竹サミット	ふれあい	95名
2.27	金	竹の市PJ会議	稲留工房	6名
3.07	土	NPOフェアー	中央公園	10名
3.27	金	竹の市PJ会議	稲留工房	6名

②他地区からの視察・交流会実施

月日	曜	会議名	場所	参加者
10.04	土	糟屋・志免町	稲留工房	13名
12.13	日	熊本・下矢部	稲留工房	15名
3.17	火	八女・星の村集落営農	稲留工房	17名
3.22	日	大分・日田五和公民館	稲留工房	12名

特記：視察受け入れ

糟屋志免町：特に竹細工と竹ぬか床

熊本下矢部：竹林整備、竹パウダー

八女星野村：竹林整備、メンマ、竹ぬか床

大分日田（男性料理教室）：メンマ・竹ぬか床

糸島における竹事業検討は、各方面で興味をもたれている事を実感しました。

平成２６年度市民提案型まちづくり事業の報告会を、大規模な竹林整備事業を展開する飯塚市山・水・竹・土の恵み塾の特別講演、並びに糸島で竹関係の活動団体等報告、加えて地域で竹製品を扱う団体の協力を得て、「糸島竹サミット」として開催した。

「糸島竹サミット」

ⅰ）開催内容

平成２６年度糸島市市民提案型まちづくり事業報告会

“糸島竹サミット２０１５”開催内容

～竹の需要開拓による竹林整備～

開催日：平成２７年2月２２日（日）１３：３０－１６：３０

場所：糸島市健康福祉センターふれあい ２F

　　　糸島市志摩初1番地

内 容：

総合司会 荒木洋美

1．13:30-13:40開会式（糸島市、ＮＰＯ法人ＮＡＰ福岡センター他）

開会の挨拶：糸島コミュニティー事業研究会

来賓のご挨拶：糸島市企画部地域振興課　若松志摩子氏

NPO法人NAP福岡センター 代表 馬場邦彦氏

2．13:40-14:30基調講演「森林・山村多面的機能発揮対策事業 」
＜里山・水・竹・土の恵み塾 入江康夫代表＞

3．14:30-14:50竹の需要開拓による竹林整備
＜CB研究会 日高栄治＞
14:50-15:00 休憩（コーヒータイム：メンマ、竹入クッキー、竹茶試食飲）

4．15:00-16:00地域活動報告
①15:00-15:20地域活動報告（竹林整備）「竹から生まれた暮らしの工芸"竹皮編み"」
＜NPO法人いとなみ 藤井 玲子氏＞
②15:20-15:40 地域活動報告（竹加工）「竹細工サークルの活動」
＜前田竹細工 原井洋治氏＞
③15:40-16:00特別活動報告「全国の竹林整備活動」
＜長野県株式会社モキ 深澤義則氏 ＞

5．16:00-16:30 フロアディスカッション＆質疑応答
{竹需要開拓による竹林整備について}

＊活動報告、展示・紹介
・竹製品展示販売：
・竹製品（コップ、青竹踏み、竹杖、火吹き竹、竹鉄砲、皿など）
・竹細工（かご他）、竹炭、竹パウダー、ぬか床フレーバー
・魚の竹ぬか漬け、竹酢液、竹炭入りクッキー
・竹ストーブ、竹ボイラー・無煙竹炭化器

・出展協力者：
・吉村正暢氏(竹パウダー、かっぽ酒、竹鉄砲他)、板井（竹杖)、
・アプレ（竹ぬか床、たしぬか、ぬか床フレーバー、床漬け）
・ＥＭ田中（竹コップ、竹小物)、梁山泊中村（竹炭、竹酢液）
・ＮＯＰ法人いとなみ・藤井氏（竹炭入りクッキー、小物）
・ＢａｍｂｏｏＡｒｔ・藤井氏（竹灯篭）

・株式会社モキ製作所（無煙炭化器、無煙ストーブ）

ⅱ）共催、後援その他

共催：糸島市

後援：西日本新聞社、NPO法人NAP福岡センター

告知案内

西日本新聞社、糸島新聞社

ⅲ）結果

＊参加者：９５名

＊内容：竹林整備については皆さんの関心が高く、糸島以外、他県から多くの参加者を得て、特に地域活動の方々の発表やメンマ、竹入クッキー等の試食についても好評であったと考えています。少なくとも糸島の竹林整備についての意識を高める効果はあったと確信します。又TV局（2番組）の取材、放映もあって糸島での取り組みが、市内はもとより県内、県外まで知られたことは今後の取り進めにとって、有り難い事と考えます。

ⅳ）糸島竹サミットアンケート結果（アンケート回収３１名）（略）

◆KBCＴ　ニュースピア　平成２７年3月２３日

◆KBCＴＶ　サワダデース　平成２７年3月２４日

◆糸島新聞

４．竹の需要開拓

今回の竹の需要開拓は、青竹、晒し竹、チップ・パウダー、竹の子・メンマ・竹炭、竹の皮、枯れ竹、竹林整備、竹ショップ、Net販売、竹観光など幅広く検討した。尚、今回は９ヶ月間に目処をつけるとの事から、竹発電、燃料化、建材への応用などは、時間、経費等の制約もあり今回は手を付けていない。

（1）青竹

平成26年度糸島市市民提案型まちづくり事業「竹の市」竹需要の開拓進行表							
		日高	現有品(販売品)		検討希望		270331 完
		日高	名前は検討担当者：報告結果は共有財産(事業化自由、他の方も事業化OK)				
1	青竹		竹筒	日高			汎用
			七夕笹	橋本			イベント用
			ソーメン流しセット	橋本	馬場・日高		2608
			竹灯篭			青年会議所	イベント用
			竹棒・支柱	藤川			一般
			竹足場	日高			2612-2701
			火吹き竹	日高			BBQ2611
			どんぐり鉄砲	吉村正			6211
			竹鉄砲・水鉄砲キット	日高	吉村正		6208
			かっぽ酒セット	吉村	松月		イベント用
			青竹踏み	佐土原	橋本		2911
			門松				年末
			トング				神在
			コップ	田中さん			田中さん
			竹笛	吉村正			2605
		笹活用	竹ぼうき				汎用
		葉	暖竹(ダンチク)				寿司包み等

・竹は基本であり、多くの可能性を持つが、美的な面を考えると注文受けて対応する事となる。

・七夕の笹（2ｍ、\7,000／本)、そうめん流しセット（2ｍ、\5,000／セット）等、幼稚園、自治会等の顧客をつかめば事業となる。

・かっぽ酒、燗つけ、ハート猪口等は緑と白のコントラストが綺麗で結婚式、婚約、お祝い事には最適である。

・その他火吹き竹、どんぐり鉄砲、青竹踏み等も面白い。

・竹林整備で問題となる枝葉部の活用は、竹箒で行いたい。

・何れも、用途と相手先を選別しピンポイントでの販売が必要である。

・軽くて、それなりの強度を持ち、曲線、筒となっている物は貴重であり、何とか活用していきたい。又切り立ての竹の、緑と白のコントラストも清楚で綺麗でありお祝いの場等では好適である。

（2）晒し竹

2	晒し竹		晒し竹	事前・CB研			
			苛性ソーダ法	CB日高			2609
			熱湯	CB日高			
			重曹法	CB日高			2609
			乾式(加熱)法	CB日高			2609
			竹灰法	藤川			
			白竹(漂白)	日高			
			竹ひご	前田教室			竹細工用
			竹細工(籠、ザル)	前田教室	長糸竹細工		工芸品
			バンブーセメント	日高			アサヒセメント
			染竹	日高			カラー化
			竹垣				エクステリア
			火吹き竹	日高			BBQ
			コップ	田中さん			汎用
			竹楽器	馬場			2608
			お椀				汎用
			竹箸	橋本	富田さん	吉浦さん	汎用

・晒し竹（油抜き）は、青竹に比し保存性が高く（室内なら半永久的)、

販売のやり易さがある。

・方法は乾式（火で炙る）、湿式（主に苛性ソーダで炊く）があるが用途、規模により、選択する。

・今回は、苛性ソーダ（大量生産、油抜き効果大）に代わる安全思考の方法（重曹、台所洗剤、水）等を検討したが、用途により選択すべき。

・竹細工は一般には苛性ソーダ油抜きをし、ひごにして使う。

（3）チップ・パウダー

3	チップ	土壌改良剤(醗酵有無)	吉村		ぼかし	
		(青竹、チップ含む)				炭素循環農法
		竹茶	木原	日高		
4	パウダー	竹パウダー(土壌改良材)	八起	農建		糸島市
		竹パウダー(醗酵品)	吉村正	農建		H2612事業化
		竹パウダー(ぬか床用)	アプレ	吉村正		H2608販売開始
		竹ぬか床	アプレ			(竹＋米ぬか)熟成
		魚の床漬け、つくだ煮	アプレ			熟成竹ぬか活用(26/6,26/11)
		たしぬか(竹ぬか床用)	アプレ			(竹＋米ぬか)
		竹粉入り菓子(クッキー)	よかもん			
		ぬか床フレーバー	アプレ			
		肩腰健康法・温熱パッド				肩腰健康
		バンブーホット	日高		2612	レンジ・湯たんぽ

・チップ・パウダーは、竹林整備を進める上で重要な加工であり、一般的には大量消費が見込まれる土壌改良剤としての需要がある。糸島では、大型植栽機ラブマシーンによるチップ製造が行われており農業関係への取り組みが望まれる。

・我々は、糸島魔法の竹ぬか床での実績があり、今後更に高付加価値商品を開発することも重要である。

・竹粉砕後そのまま使用するケースと、密封して乳酸醗酵させ使用するケースが有り、特に醗酵竹チップ・パウダーは、家畜の飼料、土壌改良剤、他消臭剤などへの活用が期待されている。

（4）竹の子・メンマ、竹炭、竹の皮

5	メンマ(筍)	メンマ(シナ竹)	よかもん	いとなみ		加工保存食品
		乾燥筍	よかもん			加工保存食品
		竹の子、メンマ料理(惣菜)	よかもん	湊	JA糸島	伊都菜彩
6	竹炭	竹炭(竹炭、土壌改良、水質改良)	高木	梁山窯	児玉/荒木	炭釜復活
		竹酢液	梁山窯		竹炭入りクッキーいとなみ	
		竹灰	梁山窯	日高		
		＊炭化器活用	中村			モキ製作所
7	竹の皮	乾燥竹の皮	日高			包装・加工

・メンマ作りは竹林整備（竹の発生を抑える効果）の面でも重要であるが、メンマの国産化、美味しいメンマ作りとして検討したい。

・メンマ作りは、干し竹の子の強化にも繋がる。

・竹炭も従来の炭窯での高級な竹炭の他、無煙炭化器で作る竹炭は

・安価で、土壌改良剤として期待できる。

・竹の皮も、おにぎり、食品包みや工芸品への活用も可能である。

（5）枯れ竹、竹林整備

No.	項目	内容	担当			備考
8	枯れ竹	BBQ焚付竹	日高			2610
		燃料				大型施設
		＊竹ストーブ活用	日高			モキ製作所
		＊竹ボイラー活用				モキ製作所
9	竹林整備	竹薮伐採・整備事業化	荒木/児玉	吉村	中村梁山泊	整備受託、竹販売
		耕地復活	児玉/荒木			竹薮伐採⇒耕地復活
		竹関係イベント	荒木	いとなみ		林業女子糸島
		糸島竹山プロジェクト	田中			竹林整備・イベント・観光

・枯れ竹の検討はなかなか進んでいないが、竹林整備を進める上では先ず最初に対処しなくてはならないものである。

・又他への対応も難しく、燃やす方法が最も相応しい。

・ただ、燃やすのではなく、竹炭、竹灰をとり土壌改良、水質改善等に活用すべきである。

（6）ネット販売・竹ショップ・竹林観光（竹の子・メンマ料理店含む）

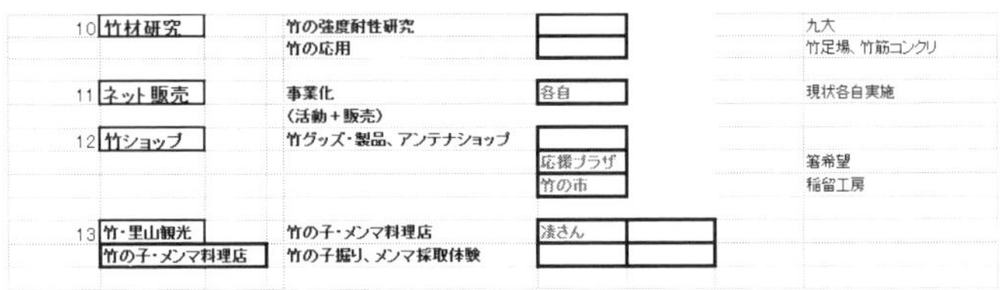

No.	項目	内容	担当		備考
10	竹材研究	竹の強度耐性研究			九大
		竹の応用			竹足場、竹筋コンクリ
11	ネット販売	事業化	各自		現状各自実施
		（活動＋販売）			
12	竹ショップ	竹グッズ・製品、アンテナショップ			
			応援プラザ		箸希望
			竹の市		稲留工房
13	竹・里山観光	竹の子・メンマ料理店	凌さん		
	竹の子・メンマ料理店	竹の子掘り、メンマ採取体験			

・ネット販売は、竹のように種々雑多な竹棒始め多くの製品がある場合必要であるが、現状では製品が少なく、ネット事業の採算に難があり当面は、各個人で対応する事とした。是非、糸島の竹林整備活動から生まれた竹製品としてネット販売に繋げたいと考える。

・竹ショップも是非糸島で、開店して「糸島の竹」をＰＲしたい。

・竹山観光、竹の子、メンマ料理の店も有ったら楽しいと考える。

5．今後の取り進め

（1）事業の規模と竹林整備

	￥／Kg	量トン年	金額￥千円
青竹：＋市	8	200	1600
青竹：アプレ	20	4	80
竹パウダーWET	150	10	1500
竹パウダーDRY 1	300	10	3000
土壌改良剤	100	100	10000
メンマ・乾燥筍	2500	10	25000
青竹踏み	5000	0.2	1000
火吹き竹	5000	0.1	500
竹かご	20000	0.2	4000
箸	50,000	0.1	5000

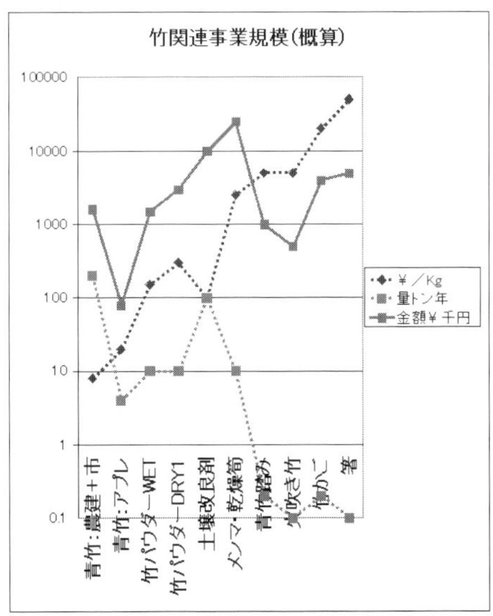

事業を進めるにあたり、竹の需要、竹事業の規模を念頭に置き検討したい。

竹パウダーやメンマが両面で期待される分野と考える。

（2）重点事業について

竹林整備と竹事業を考えると、＜量Ｘ価格＞的な見方も必要であり、糸島全体で関わりあえる事業など種々検討の結果、竹林整備事業の確立、糸島メンマの名産化、竹林観光が有望であり、夫々につき事業家のポイントにつき考察したい。

①竹林整備事業の確立

竹林整備は、従来より「金にならない」といわれてきており、実際にも伐採した竹を山に積み上げ朽ちらせる方法がとられてきた。最近糸島市の事例の様に買い上げが行われてきて状況は改善してきたが、まだまだ充分ではない。「山から竹を降ろす」為に用途開発により竹に付加価値をつける事が必要である。竹の子、メンマ、青竹が価値を生み、竹山全体が価値を持ってくると、山の見方が変わってくると考える。更に、竹薮を整備し、耕作地化（侵入放置竹林を食い止め減らす）する事で、無農薬の優良な耕作地を生み出す事ができる。

竹林整備は、山全体の価値を上げる事で「竹林整備そのものの価値」も大幅に向上する。

★糸島コミュニティ事業研究会での取り進め：

1．糸島竹山プロジェクト（田中氏）
2．親山４区画整備（吉村氏）
3．曽根竹山整備（橋本氏）
4．梁山泊竹林整備、竹炭（中村氏）
5．林業女子@いとしま（荒木氏）等

②竹チップ・パウダーの事業化

竹林整備を進める為に、最も期待されるのは竹チップ・竹パウダーであり、用途も多岐にわたり糸島で進めている竹ぬか床の他、農業分野（土壌改良他）、家畜飼料他期待される分野である。

この中で、生産効率、竹チップ・パウダーの粒子や醗酵有無等での使い分け、用途毎の詳細研究等が必要である。竹チップ・パウダーについては他地区での検討結果が報告されており、糸島での具体的な検討を進めたい。

◎糸島での粉砕機

八女等の先進地に負けず劣らないポテンシャルを有しており、八起産業の粉砕機、竹ぬか床グループの手作り粉砕機等を有する。

その他、糸島市、糸島シルバー人材センター、その他が有する橋本のチッパー機、農建産業が保有する超大型粉砕機ラブマシーン等、これらの有効活用する事で、色んな展開が出来ると考える。

★糸島コミュニティ事業研究会での取り進め：

1．糸島魔法の竹ぬか床の推進（日高、吉村）

2．竹パウダーの製造販売（吉村、日高）

3．Wet&Dryの用途拡大

4．醗酵有無製品の各々用途開発

③糸島メンマの名産化

青竹伐採と合わせて出るを押さえる対策として、メンマ創りが非常に有効と考える。今回の検討の中で最も期待できる事業である。メンマは、竹の子採取の後、１～２ｍの幼竹を活用しますが青竹伐採に比べ作業性が良く、全体的な竹林整備の新しい取り組みとなる（メンマ創りによる本格竹林整備活動は全国でも例がなく、糸島の取り組みが最初となる）。又、竹の子加工品は中国から大量に輸入されており、国内産が無いのが問題であり、「国産化を糸島から行う」ことが出来ると考えています。技術的には大きな問題は無いと考えるが、メンマに使われる「麻竹」は日本には無く、糸島メンマは日本の竹「孟宗竹」「真竹」「淡竹」「他」の竹で作り。所謂メンマを超えるものを生み出していく事が必要である。又、糸島には「乾燥メンマ」などは店頭に無く、わずか「桃屋のメンマ」等僅かな商品がスーパー等に有るだけである。一般に中華の食材として扱われているが、和食その他日常の食材として育成する必要がある。

★糸島コミュニティ事業研究会での取り進め：

1．糸島よかもん創り

2．ＮＰＯいとなみ

3．上海家庭料理研究家　凌氏

4．吉村氏、中村氏、橋本氏、日高

＜別紙１＞糸島メンマの企画案

「糸島メンマ」創り・・・・下記条件を満たすものを「**糸島メンマ**」と

して品質確立する。

商品案

工程	商品名1	味付けメンマ惣菜
1．竹の子（姿）	—	
2．竹の子（茹で）	—	味付けメンマ
3．竹の子（茹で）—乾燥	乾燥竹の子	味付けメンマ
4．竹の子（茹で）—塩付け—乾燥	塩付けメンマ	味付けメンマ
5．竹の子（茹で）—塩乳酸醗酵（1ヶ月）*—乾燥	本格醗酵メンマ	味付けメンマ

・・・・*あくまで、基本とする*・・・・・。

1．メンマの採取は、幼竹1．2m以下のものとする。又は2m以下の場合、穂先1mを使用する（硬いものは使用不可）。

2．ボイルは皮抜きの後充分行う。

3．醗酵は1ヶ月以上とする。

4．乾燥は充分に行う。

5．各製品は、夫々の法令を遵守し販売を行う。

（その他、品質向上の為の加工は常識の範囲の中積極的に行う。）

*糸島の地域資源を活用し、新たな名産品を創る為に是非ご協力をお願い致します。

④竹林観光、竹の子・メンマ料理

今後、竹林整備が進み、竹の子・メンマ事業が立ち上がったら、竹林観光が必然的に生まれてくる。綺麗な美竹林歩き、竹の子掘り、メンマ作りイベントの他、竹の子料理、メンマ料理の店等も糸島で花開いて欲しい。

（3）まとめ

里山に人がいなくなり、又化石生活様式の変化（燃料、電気等の普及）等により、山が放置され手が付けられない状況にある。この状態は我々の生活が根本的に変わらない限り戻れない。又山の価値が無くなり、むしろ負の財産になっている。　我々は、僅か9ヶ月の検討ながら、山に価値をつけ、山から竹を引き出す方法を考えた。ただ、青竹を切って売るだけでは採算に問題がある。従来は、山に放置するしかなかった竹が、昨年より糸島市では青竹を¥５，０００／トンで買い上げる事となり、大きく前進した。又我々は、竹ぬか床用に¥２０，０００／トンで買い上げて（竹パウダーwet¥１６０，０００／トン、竹パウダーdry¥３５０，０００／トン）おり、用途開発により、更に竹の価値は大幅に向上する可能性がある。竹の更なる用途開発が必要であるが、山の全体の価値を上げる事も効果的であり、糸島の竹林整備、竹事業を効果的に進めるにあたり、「竹林整備事業」、「チップ・パウダー事業」、「糸島メンマの名産化（国産化）」、「糸島竹林観光」を４本柱にして併行して進め、相乗効果を生み出す事が効果的である。この併行推進を糸島コミュニティー事業研究会「竹の市プロジェクト」からの今回のプロジェクトの提案としたい。この提案の特長は、竹を効果的に伐採し、併せて出るを押さえるために「メンマ」を作る。
「美味しく食べて竹林整備」（燃やすだけでなく食べつくすのも有り）。

一方、メンマは９９％中国輸入品であり、「メンマの国産化」を糸島から行う事となる。現在、糸島コミュニティー事業研究会、同竹の市PJに関わったもの達が既に事業化に向け取り組んでいるが、今後糸島全域での賛同者を募りつつ取り進める事となる。糸島の総力を上げ、「糸島の竹」「糸島のメンマ」「糸島方式竹林整備」となるよう鋭意努力したい。

糸島コミュニティー事業研究会では、糸島市市民提案型まちづくり事業の終了と共に、竹の市プロジェクトは一応解散し、夫々で進めてゆく事となるが、この事業をスムーズに進める為の相互支援ネットワーク「糸島竹活ネット（仮）：糸島で竹事業を営む人達とサポーターのネットワーク」の設立を予定している。

糸島コミュニティー事業研究会「竹の市プロジェクト参画者」

日高栄治（主宰）、馬場邦彦、中村啓一郎、板井一訓、小牧徹志、松月よし子、橋本義幸、吉村正暢、佐土原真治、荒木洋美、高嵜ぽにら、藤川喜代美、高木正尚、遠藤武男、吉田邦起、日高和子、寺本久雄、凌大雅、児玉崇、藤井芳広、藤井玲子、中村隆介、田中道人、田中恵子、木原文子、西 香、小柳麻紀、竹中博子、竹中正幸、大石仙一、森田かおる、高木まり子

平成２７年度は、市民提案型まちづくり事業では４－６月の取り組みができ難い（４月申し込み、５月初め一次審査、合否、予算確定が筍の時期を逸する）のとメンマ事業の具体的な取り組みが急務であり、市民提案型でなく独自で加工条件確立等を検討した。　そして、平成２８年度は竹林整備に最も効果が期待できる純国産メンマの検討を「糸島メンマのブランド化と竹林整備」を検討を行った。

この結果から、「竹林整備の新しい策」として「幼竹を管理—親竹を残し後は全伐し出るを抑え、幼竹は輸入に頼るメンマの国産化をおこなう」事となった。

平成26年度糸島市市民提案型まちづくり事業「竹の市」竹の需要開拓進捗

★	現有品（既販売品）
○	検討中
＋	要検討

糸島コミュニティー事業研究会　2701 現在

糸島の竹林整備は、【竹の効率的伐採】 ＋ 【出るを押さえる"メンマ作り"】で！

区分	項目	状況
	竹筒（ハートの竹コップ）	○
	七夕笹	○
	ソーメン流しセット	○
	竹灯篭	＋
	竹棒・支柱	○
	竹足場	○
	火吹き竹	○
青竹	どんぐり鉄砲	○
	竹鉄砲・水鉄砲キット	○
	かっぽ酒セット	○
	青竹踏み	○
	門松	＋
	トング	＋
	コップ	○
	竹笛	○
	竹ぼうき	＋
	竹茶	○
	苛性ソーダ法	○
	熱湯・重曹法	○
	乾式（加熱）法	○
	竹灰法	＋
	白竹（漂白）	○
晒し竹	竹ひご	★
	竹細工（籠、ザル）	★
	バンブーセメント	○
	染竹	○
	竹垣	＋
	火吹き竹	○
	コップ	○
	竹楽器	○
	お椀	○
	竹箸	○
チップ	土壌改良剤 （青竹、チップ含む）	○
	竹パウダー（土壌改良材）	★
	竹パウダー（醗酵品）	○
	竹パウダー（ぬか床用）	○
パウダー	竹ぬか床	★
	魚の床漬け、竹ぬかつくだ煮	○
	たしぬか	★
	ぬか床フレーバー	★
	肩腰健康法・温熱パッド	＋
	バンブーネット	○
	メンマ（シナ竹）	○
竹の子（筍）	乾燥筍	○
	竹の子、メンマ料理	○
竹炭	竹炭	★
	※炭化器活用	＋
竹の皮	乾燥竹の皮	○
	BBQ焚付竹	○
	燃料	＋
枯れ竹	※竹ストーブ活用	＋
	※竹ボイラー活用	＋
竹林整備	竹藪伐採・整備事業化	○
	竹関係イベント	○
竹材研究	竹の強度耐性研究	＋
	竹の応用	＋
ネット販売	事業化⇒当面は各自 （地域活動＋竹製品販売）	○
竹ショップ	竹グッズ・製品、アンテナショップ	○

※その他のテーマも検討しています。

＜糸島CB研究会の検討結果は共有財産（事業化自由、他の方も事業化OK）＞
ご興味のある方は、糸島kミュニティー事業研究会（090－1167－1237）迄

第3章　筆者のこと

＊学校・職業等、早期定年退職迄を述べる。

１９４６年生まれ。

【学歴】

糸島市芥屋小学校・志摩中学校・福岡工業高校染織科卒

※小・中・高校１２ヶ年皆勤賞、身体は丈夫でした。

＊「為せば成る・・」「ならぬ堪忍するが堪忍」「天知、地知、人知、我知」を祖母から習った（小学校３年の時、漁師の父を亡くし、格言等で育った。中学３年迄祖父がいたが、その後は地域で育てられたと思っている）。中学から始めた「日記」が毎日の反省も含め人間形成に役立った。

【仕事】

三菱化学工株式会社（現三菱化学株式会社）入社。黒崎工場（染料技術・染色技術）、大阪支社（染料部、北陸出張所）では染料営業技サ、九州支社（精密化学品、農薬、医薬→医薬専任）、医薬では新医薬品の市場投入、研究会設立等を行ったが販売額も急増し、製販一貫を目指し、販売強化を目指した。１９９９年１０月三菱東京製（株）設立と共に出向。

※１８才で黒崎工場入社。染料合成、染色等多くの仕事を教えて頂きましたが、併せて人的なご指導も受けた。クレーム処理等も行ったが、先ず再現することを教わった。又、会社は責任もって人間教育をする所だと思います。黒崎時代は残業月２００時間もあり多忙、大阪時代も残業、接待で夜２～３時と多忙、九州支店時代（最初は１人で九州一円担当）も出張と接待で午前様、土日もゴルフで多忙。あの時代は仕事を家に持ち帰って処理するのが常であり、土日以外は家で食事をする事はなかった（仕事の負荷は時間よりも内容—指示される仕事より、自分の意志で仕事に向かいたい）。私は　恥ずかしながら辞表を２回（１回目は北陸時、２回目は早期定年退職時：本来は新会社設立で、私たちが引っ張って行かなくてはいけない立場ではあった）出しているが、仕事も遣り甲斐あったし、自分なりに精一杯頑張やれた。

＊「仕事も遊びも、真剣に」
子どもの教育について、良い高校、良い大学、良い会社（公務員も含め）に入る為に、勉強させるという考えが有るが、人生が２２や２４才で終る訳では無く、社会人になってからが本当の勝負が始まるのである。社会人人生、更には退職後を含め、正しく堂々と生き抜く為には「強い心、振れない心、折れない心」を持つ事が大切である。燃え尽き症候群などにならず、人並みの仕事をするのではなく、是非人を引っ張っていける「人」になって欲しいものです。
＊「仕事は、総力戦」「仕事で自分をランクアップ」
社員信条の中に「正論」というのがあり、飲みながら喧々諤々とやっていたが、若い者が役員などにも自由に突き上げ、又間違ったことは許さない風土があった。最近の公文書書き換え等は、有ってはならない事、本人、指示した上役、犯罪を見過した仲間、全ての人の責任は重い。自浄作用の有る組織でなければ存続できない。
＊転勤、移動が多く、息子達は小学校を４校（兵庫県宝塚小・福井県社北小・福岡県別府小・元岡小）転校する等、苦労をかけた。九州支店へ転勤後1年で２度目の自宅新築、祖母、母を呼び同居、入居後1週間で祖母亡。仕事も忙しく祖母、母の事を含め妻には苦労をかけた。２０００年早期定年退職（５３才）。
※クロスコーポレーション（有）
早期定年退職後、唯一務めた会社。スーツ製造販売を勉強したが、田中社長の考えも指導いただき、特に「自分の食い扶持は、自分で稼ぐ」考えはその後の地域活動に役立った。
※２００２年アプレ（有）設立（ステンドグラス・スーツ製造販売）。
２０２０年　糸島魔法の竹ぬか床関連、純国産糸島めんま関連、イトプロ（ポスティング）。

【地域活動】

２００５年新現役の会糸島設立、２００７年ＮＰＯ法人ＮＡＰ福岡センター設立、２０１０年糸島コミュニティ事業研究会設立

【趣味：絵画（略）・剣道他】

剣道：志摩中学校、福岡工業高校、三菱化学（株）で剣道。高校時は玉竜旗大会で２年３年と出場し、２日目４回戦まで進出するも優勝などは経験できず、勝ち方そのものが判らなかった。

三菱化学入社後敬止館道場での猛稽古（特に６・７・８段の先生７～８名）により、学生時代歯が立たなかった人たちに、１年後には不思議に勝てるようになった。大阪への転勤迄の１０年間（昭和４１～４９年）で、多くの優勝（九州実業団剣道大会４回、西日本剣道選手権大会４回、全国三菱武道大会４回、西日本実業団剣道大会他。全日本実業団剣道大会は準優勝、その他八幡区、北九州市、福岡県代表で試合）を飾ることが出来た。小杉・村山・高木先輩等各偉大なキャプテンの後引き継いでキャプテンを任され、厳しい思いはしたが、優勝旗７本を獲得するなど、当時の黒崎工場剣道部の第２期黄金時代を作れたのは、最低限の責任は果たせたと考える。

私が勝てるようになったのは稽古が充分にできた事と一歩引くことで間合いが取れ、自分の試合ができるようになったのが大きく、得意技は小手であったが、打ち合った後の一瞬が勝ちのパターンとなった。試合に臨んでは、「自分より優れた人と剣を交える事を喜び」、「自信を持つ事」と「一寸した考え方」「勝つ事を覚える」で勝てるようになる。

＊剣道を続けた関係で、「武士道」に憧れをもって接し、特に「卑怯者」「臆病者」にならない事を第一に生きる事が大切です。

＊「一回ぐらいは誰でも勝てる。連覇して初めて勝てたのだ」＊「試合は一打で決める」

＊「平常心」＊「残心」＊「多くの試合、超一流の人と試合ができるのが勝つメリット」＊「師のない剣道、野武士の類」＊「強靭な身体と絶対に折れない心」

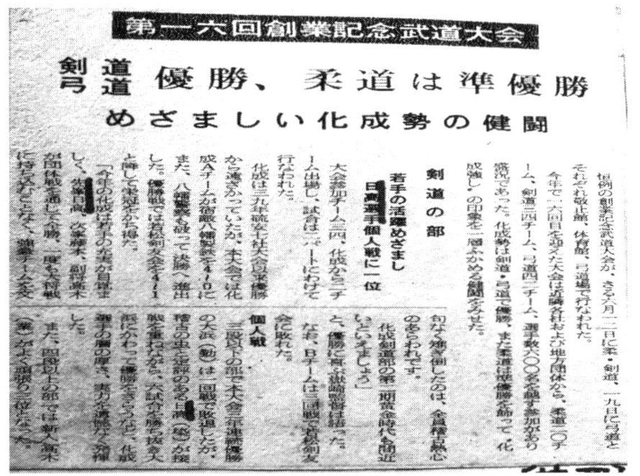

第一六回創業記念武道大会

剣道 弓道 優勝、柔道は準優勝

めざましい化成勢の健闘

恒例の創業記念武道大会が、さる六月二二日に柔・剣道、一九日に弓道とそれぞれ敬止館、体育館、弓道場で行なわれた。

今年で一六回目を迎えた大会は近隣各社および地方団体から、柔道三〇チーム、剣道三四チーム、弓道四二チーム、選手数六〇〇名を越す参加があり盛況であった。化成勢は剣道・弓道で優勝、また柔道は準優勝を飾って"化成強し"の印象を一層ふかめる健闘をみせた。

剣道の部

若手の活躍めざまし
日高選手個人戦に一位

大会参加チーム三四、化成から三チーム出場し、試合は二パートにわけて行なわれた。

化成は三九年就安七社大会以来優勝から遠ざかっていたが、本大会では化成Aチームが宿敵八幡製鉄を4−0に、また、八幡製鉄も破って決勝へ進出した。優勝戦では若松剣友会を4−1と降して栄冠をかち得た。

「今年の化成は若手の充実が目覚ましく、先鋒日高、次鋒藤木、副将高木が団体戦を通して全勝、一度も大将戦に持ち込むことなく、強豪チームを次々と倒したのは、全員稽古熱心のあらわれです。

化成剣道部の第二期黄金時代も間近いといえましょう」

と、優勝に喜ぶ松崎監督は語った。

なお、Bチームは三回戦で若松剣友会に敗れた。

個人戦

三段以下の部で本大会三年連続優勝の大浜(勤)は一回戦で敗退したが、稽古の虫と定評のある日高(総)が接戦を重ねながら、六試合を勝ち抜き大浜にかわって優勝をさらうなど、化成選手の層の厚さ、実力を遺憾なく発揮した。

また、四段以上の部では新人高木(業)がよく頑張り三位となった。

日本武道館入場（優勝旗返還）

三菱化成黒崎

四度目の優勝

西部日本剣道

北九州市・小倉剣連共催の第十二回西部日本剣道大会(委員長＝小林正元氏)は、十一月三日午前九時三十分から小倉区三萩野体育館に八十六チームの精鋭を集めて覇を競い、Aブロックでは、昭和四十年(第五回)第三位に入賞して以来、鳴りを静めていた北九州大学が、ダークホース戸畑剣連Bチームを降して頭角をあらわし、Bブロックでは、昭和四十三年・四十五年と優勝のテレビ西日本と昨年優勝の大分県剣連を破って進出してきた三菱化成黒崎Aチームとの決勝となり、3対2で三菱化成が駒をすすめ、北九州大学と三菱化成黒崎によって優勝を競い、次

写真は前列左から村上・吉田・大浜・日高・中山の選手と、後列左が師範吉田八段、右が監督平永七段

剣道

全日本実業団剣道大会

堂々準優勝する

第二回全日本実業団剣道大会は、さる十一月三日（日）、東京の日本武道館において、全国から集まった精鋭一五六チームによって覇が競われた。

化成黒崎チームは、先に行なわれた全三菱大会及び全九州実業団大会に連続優勝と勝運に恵まれている矢先だけに、会員そろって全国優勝をめざし、故池田先生の霊をなぐさめようと連日早朝稽古に励み、必勝の信念で、試合に臨んだ。メンバーの編成も全三菱、全九州実業団の両大会と同じく若手選手を起用、若冠二十三才の大将大浜がチームの最年長者という若さで参加全チーム中の最年少というのが黒崎チームの特長であった。

試合は、十時すぎ八試合場にわかれ一斉に開始された。黒崎チームは、一回戦不戦勝、二回戦に東京重機をやぶった大阪瓦斯チームと対戦。大会の雰囲気にまだ十分とけ込んでいない初戦だけに選手の気持が浮わずって調子がでず苦戦に陥った。副将吉田までの対戦成績は一勝二敗一引分けでしかも勝本数が二本足りない。大将が三本勝ちして初めて代表決戦という大ピンチ。二回戦で早くも黒崎チーム敗退をのまねばならないのかと思われた。相手も九割方まで勝利を手中におさめたと内心ほくそえんでいたと思われる。そこに心のスキが生じたのか、大将大浜選手の気迫、果敢な攻めで大将戦は見事二本勝。やっと対となり代表決戦となった。代表決戦は一本勝負。勝負根性に定評のある大浜選手にすべてを託した。緊張した各選手の祈るような目が代表選手の動きを追う。相手は諸手左上段の構え。ジリジリ間合をはかり機をうかがう大浜選手、一瞬すきを大浜の剣が一閃、あざやかに相手の胴にきまっていた。

二回戦のピンチを切り抜けた各選手は、何かつきものがおちた如く三回戦からは、獅子奮迅の大活躍。三回戦鹿島建設、四回戦日立製作所（多賀）、五回戦富士製鉄（名古屋）、六回戦日本通運（本社）をいずれもあぶなげなく勝ち進み準決勝に駒を進めた。対戦相手は、過去三度優勝の経験ある東レ名古屋チーム、勢いに乗っている黒崎チームは、この強豪も四対一となんなく打ちやぶり、実力を遺憾なく発揮。日本武道館内の全員の目が黒崎チームに集まった。いよいよ決勝戦。対戦相手は昨年度第三位で最近特に実力をつけてきている阪急百貨店。力量は互角と思われたが年少の黒崎チーム、全国大会で決勝戦まできたというフルエがきたか、選手の動きが固くなり一勝四敗で優勝の望みをたたれた。

優勝をいっしたとはいえ、全国大会での準優勝は、化成剣道部はじまって以来の偉業である。この輝かしき戦績の原因は、苦しく激しい練習から培われたチームワークもさることながら、故池田先生の厳しくも暖かい指導の賜であり、霊界での先生のご加護があったからといえよう。選手一同、帰幡後、池田先生の霊前に成績を報告し、冥福をお祈りすると共に来年の優勝を固く誓った。（部員小杉記）

監督	勤	七段	樹崎 操	51才
コーチ	勤	五段	小杉信太郎	31
大将	勤	三段	大浜 武松	23
副将	染	三段	吉田 健一	20
中堅	染	四段	日高 栄治	22
次鋒	合	三段	村上 正人	21
先鋒	業	三段	中山 進	19

剣道班大活躍

全日本実業団に準優勝

剣道班の今年の活躍はすばらしく、[illegible]勝を飾り、今回東京で開かれた全日本実業団に準優勝と輝かしい成績をおさめた。（関連記事は三面に）

全国三菱大会

（日本武道館）

九州実業団剣道大会

（九電体育館）

決勝対TNC戦

剣道七連勝、柔道準優勝
弓道は一、二、三位を独占

創業記念武道大会

剣道の部（三四チーム）

個人戦 大呂選手優勝

優勝戦

優勝チーム

七連勝を飾った化成チーム

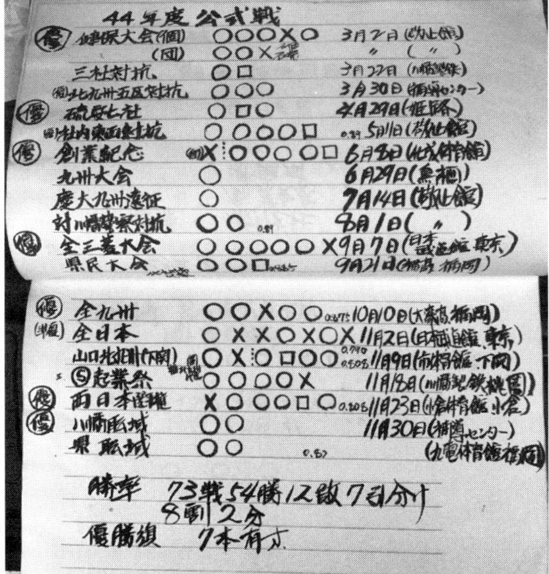

44年度公式戦

	大会	成績	日付（会場）
優	健保大会（個）	○○○×○	3月2日（[illegible]）
	（団）	○○×	〃（〃）
	三社対抗	○□	3月22日（[illegible]）
	（個）北九州五区対抗	○○○	3月30日（[illegible]センター）
優	筑豊七社	○□○	4月29日（飯塚）
	（団）社内東西対抗	○○○○□ 0.39	5月11日（[illegible]）
優	創業記念	（個）× ○○○○□	6月8日（化成体育館）
	九州大会	○	6月29日（鳥栖）
	慶大九州遠征	○	7月14日（[illegible]）
	対八幡製鉄対抗	○○ 0.81	8月1日（〃）
個	全三菱大会	○○○○○×	9月7日（日本武道館 東京）
	県民大会	○○□	9月21日（[illegible] 福岡）
優	全九州	○○×○○ 0.675	10月10日（大濠 福岡）
準優	全日本	○××○×○×	11月2日（日本武道館 東京）
	山口北九州（下関）	○×○□○○	11月9日（市体育館 下関）
	Ⓢ起業祭	○○○○×	11月18日（[illegible]）
優	西日本選抜	×○○○□○ 0.208	11月23日（小倉体育館 小倉）
優	八幡区域	○○	11月30日（福岡センター）
	県区域	○○ 0.87	（九電体育館 福岡）

勝率 73戦54勝12敗7引分け
8割2分
優勝旗 7本有り

◆国立病院機構福岡病院（旧国立療養所南福岡病院）寒稽古

（於福岡市立屋形原特別支援学校）　１９８６―２０１２年

国立病院機構福岡病院（旧南福岡病院・屋形原特別支援学校）での入院患児の剣道寒稽古は１９８６年～２０１１年２５年間実施。西日本小児アレルギー研究会の交流会時会長の西間先生からの依頼で開始し、小田嶋先生に引き継がれた。当初は喘息の入院患児が５０名と多く２班に分け２５名づつ実施したが、医療の進歩もあり喘息長期入院患児は次第に少なくなり、特別支援学校組織変更等があり、２５年で終了となりました。寒稽古の縁で、卒業式、運動会等にご招待頂き子どもたちと親しくなれ有難かったです。寒稽古実施に当たっては病院のＤｒ.、看護師さん、特別支援学校の校長先生、教頭先生、先生方が積極的に動かれ、充実した寒稽古となりました。会社も、応援してくれ、日頃は出張が多かったが寒稽古期間は泊まりの出張はせず（東京は日帰り２日等）、タクシーも自由に使わせて頂きました。その他職場の新入社員高岩葉子さんが快く手伝ってくれ（朝5時頃迎え）、その他上司、本社の出張者等多くの人達に参加してもらいました。又日研化学の紫牟田さんが毎年記念撮影をして頂き感謝です。この寒稽古は、ちょっとしたきっかけで開始されたが、長年にわたり多くの人達のご尽力で行う事となり、わたしにとって学びが多い寒稽古でした。

１９８７年1月A組

２０１０年１月

剣道は中学（志摩中）から始めましたが、私の人間形成の基本となりました。多くの方々からの多くの学びは今も心の支えとなっています。皆様に心から感謝申し上げます。

第４章　今後の取り進め

【１】「純国産メンマ作りによる竹林整備」の啓蒙

「純国産メンマ作りによる竹林整備」は、今は食べられないと誤解され価値ゼロ（〜マイナス価値）で邪魔者扱いの“幼竹”を親竹を残して全伐し、不要の竹発生を完全に抑え、“幼竹”で輸入に頼るメンマの国産化を図るものです。これを進める為には、この事業で示すように、時には旧来の常識を覆す新たなアイデア、チャレンジが必要です。縦割り社会並びに「俺が俺が」の世界ですが、全国の課題解決の為データー、ノウハウを開示し進めています。この事業については、賛同の方々が多く既に全国３０府県に広がっていますが、真の価値はまだ認識されておらず、今後中山間地域を始め全国津々浦々へ広がる様、なお一層の努力をしたいと考えます。

今後、地元糸島市行政（農林水産、商工観光、地域振興等）や地域団体、企業並びに、全国的にも「純国産メンマプロジェクト」「竹イノベーション研究会」その他各団体等との連携を更に強化し進めたいと考えます。

【２】竹林整備挑戦

この事業の最大の目的は、全国の竹林整備の悪化阻止と竹林整備の進展です。竹林以外の里山も同じ状況でありこれらの改善は急務です。

竹林整備の考えについては、タケノコ栽培と合わせて略確立しており、今後、タケノコ栽培にプラスして、メンマ作りで整備が、更に進むと考えます。このメンマ作り（幼竹着目）は、荒廃・放置竹林を如何にして整備できるかにかかっています。竹林整備は全国的課題となっている事から、各種補助金を活用して行われているが、特に「森林・山村多面的機能発揮対策交付金（林野庁）」との組み合わせが効果的との話を聞く。全国的に又各県でも協力に進められており、是非検討頂きたいと思います。又、竹林整備が更に進むと発生する青竹（及び枯れ竹）の処理を効果的に進める必要があります。

この為、竹チップ・パウダー（土壌改良剤・食用）、竹炭（土壌改良剤・

食用)、その他竹灯り（熊本チカケン等)、土木建築（竹イノベーション研究会他）分野等一層の用途開拓が必要と考えます。純国産メンマ事業と竹の需要拡大はこの事業の両輪であり、総合的に進める必要があります。全国に美竹林が全国に広がる事を夢見てます。

【3】純国産メンマ作りの普及

現在、純国産メンマプロジェクト処方（高濃度塩漬け一発法—塩蔵）が全国に広がっていますが、今後、乾タケノコ法、発酵—乾燥法（中国メンマ法）他も選択肢の一つとなります。各処方は夫々特徴（一長一短）を有しますが、今後とも用途目的により夫々最適の処方で対応すべきだと考えます。今後の取り進めで「メンマ・タケノコ分野をカバー」でき、「どこでもだれでも」できるのは日本伝来の技術を活用した「高濃度塩漬け法」だといえます。

【4】純国産メンマ加工品・調理開発

この事業をメンマ作りと考えている方もおられますが、元々開発の最終目的は、竹林整備にあり、山、竹林、竹の付加価値向上で、日本の幼竹（孟宗竹、真竹、ハチク他）の用途開発です。取り敢えず“メンマの国産化”を行なっていますが、「ラーメンのメンマ好き」な方はおられますが、ビン詰めのメンマ（中国・台湾材料）を買って食べる方、中国乾燥メンマを買って家庭で料理している人、食べている人は殆どおられないはずです。メンマ嫌いな方も多く、「国産メンマ」を作れば売れるかと言えば、それだけでは難しいと思います。“美味しいメンマ”を作る事で、はじめて「メンマ」が見直しされ、多くのファンが生まれます。今、純国産メンマが話題になっておりメンマの見直しもできると思います。一方、タケノコの９０％は中国品で、略外食産業や加工品に向けられています。国産のメンマ、タケノコの品質の安定した塩蔵品が大量に生産されると、加工品作りがやり易くなり、需要拡大に繋がると信じています。メンマの需要３万トン（輸入略１００％)、タケノコ需要２５万トン（輸入９０％、２２万トン）＋α（新規需要）を含め約３０万トンの市場を基本に用途開発を考えるべきと考えます。この考えの延長線にはメンマだけでなく、タケノコ分野、更にはこれらを超えた商品開発を重ね本物の美味しい料理、加工品を作っていくことにある。又、コンプライアンス（法令順守＋社会的ルールに従った活動）を重視し、ＳＤＧｓ（持続可能な開発目標）の考えもふまえ、日本全域に又各地域に根を張るように努めるのは当然のことである。

【開発中の純国産メンマの加工品等】（２０２０年現在）

●現状：純国産メンマプロジェクトの開発状況

・純国産メンマ塩漬け、竹菜、塩干し
　ラーメン：長野、広島他
・味付メンマ（惣菜）味は各種地域の味：長野・栃木・千葉・和歌山・広島・福岡（新宮、糸島）他
・味付メンマ（漬物）醤油漬け・甘酢漬け・キムチ（糸島他）・広島菜・カレー味（広島），その他（静岡等）
・千葉木更津方式（発酵）
・竹スルメ（するめ）鳥取
　糸島・広島（醤油味、甘酢味、カレー味）等
　塩蔵活用：純国産メンマ・竹菜使用
・新食材：ダイスカット（大）：お焼き・カレーパン・チマキ（糸島）
　　　　　　　　　　　（中）：猪マン（糸島）
　　　　　　　　　　　（小）：元祖糸島豚小籠包（糸島）
・その他：高菜饅頭（秋月）、伊都の栞（キムチ・博多西中州）
　　　　　さつま揚げ（薩摩川内市）他

今後の加工品、料理への開発は、調理士、栄養士、加工品業等の多くの方々のお力が必要です。是非、純国産メンマによるご検討下さいますようお願い申し上げます。

「純国産メンマ作りによる竹林整備」は急速に広がっていますが、まだ緒に就いたばかりです。今後、皆様方のお力で、更に大きい活動につなげて欲しいと切に願います。

◆ブログ、ＦＢアドレス

日高栄治管理

No	項目	address
1	The base	https://itoshimenma.thebase.in/
2	ISPFOOD	https://ispfoods.jp/appre/
3	Make shop	http://appre.free.makeshop.jp/
4	Brogger:糸島めんま	https://itoshimenma.blogspot.com/
5	Brogger:竹ぬか床	https://takenukadoko.blogspot.com/
6	Brogger:芥屋あおさ	https://keyaaosa.blogspot.com/
7	ＦＢ：	日高栄治
8	ＦＢ：	糸島ｺﾐｭﾆﾃｨ事業研究会
9	ＦＢ：	糸島魔法の竹ぬか床
10	ＦＢ：	糸島めんま（メンマの純国産化プロジェクト）
11	ＦＢ：	イトプロ（糸島プロモーション）
12	ＦＢ：	糸島よかもん創り
13	ＦＢ：	アプレ有限会社　竹わらべ
14	ＦＢ：	ＮＰＯ・ＮＡＰ福岡センター
15	ＦＢ：	糸島竹活ネット
16	ＦＢ：	竹美食
17	ＦＢ：	糸島市志摩男女共同参画ネットワーク
18	ＦＢ：	糸島産：奇跡の芥屋あおさ
19	ＦＢ：	糸島市志摩男女共同参画ネットワーク
20	ＦＢ：	糸島竹パン・竹ラスク・竹クッキー

その他

No	項目	address
21	ＦＢ：	純国産メンマプロジェクト（深澤義則さん管理）
22	ＦＢ：	竹ぬか漬け（佐藤剛史さん管理）

appre	The base	ISP	Make shop
ネット販売 ＱＲコード			

この冊子が「純国産メンマ作り・竹林整備」に少しでもお役に立てば幸いです。

１９４６年生まれ。
糸島コミュニティ事業研究会主宰
アプレ（有）代表取締役社長

住所：福岡県糸島市志摩岐志１５０１－２９
伊都ハイランド内
ek-hitaka@vesta.ocn.ne.jp

※本文中の商品内容、価格、連絡先などは、当時のものです。
その後、変更されている場合があります。

美味しく食べて竹林整備
純国産メンマ作りのすすめ

2020年10月19日　初版第1刷発行
2020年12月10日　　　第2刷発行

著　者　日高榮治
発行者　谷村勇輔
発行所　ブイツーソリューション
〒466-0848 名古屋市昭和区長戸町4-40
TEL：052-799-7391 / FAX：052-799-7984
発売元　星雲社（共同出版社・流通責任出版社）
〒112-0005 東京都文京区水道1-3-30
TEL：03-3868-3275 / FAX：03-3868-6588
印刷所　モリモト印刷

万一、落丁乱丁のある場合は送料当社負担でお取替えいたします。
ブイツーソリューション宛にお送りください。

ISBN978-4-434-28059-7